之江实验室 ZHEJIANG LAB

智能计算丛书·数字反应堆
Intelligent Computing Series

丛书主编◎朱世强
丛书副主编◎赵新龙
赵志峰
陈 光

计算材料

Computational Materials

张金仓 孙 升 主编

ZHEJIANG UNIVERSITY PRESS
浙江大学出版社
·杭州·

图书在版编目(CIP)数据

计算材料/张金仓，孙升主编.—杭州:浙江大
学出版社,2022.11
　　ISBN 978-7-308-22906-7

　　Ⅰ.①计⋯　Ⅱ.①张⋯　②孙⋯　Ⅲ.①材料科学—计
算　Ⅳ.①TB3

　　中国版本图书馆 CIP 数据核字(2022)第 140487 号

计算材料

张金仓　孙　升　主编

责任编辑	陈　宇
责任校对	殷晓彤
责任印制	范洪法
封面设计	续设计
出版发行	浙江大学出版社
	(杭州市天目山路 148 号　邮政编码 310007)
	(网址:http://www.zjupress.com)
排　　版	杭州星云光电图文制作有限公司
印　　刷	杭州钱江彩色印务有限公司
开　　本	710mm×1000mm　1/16
印　　张	6.75
字　　数	96 千
版 印 次	2022 年 11 月第 1 版　2022 年 11 月第 1 次印刷
书　　号	ISBN 978-7-308-22906-7
定　　价	78.00 元

丛 书 序

智能计算——迈向数字文明新时代的必由之路

  纵观人类生产力发展史,社会主要经济形态经历了从依靠人力的原始经济到依靠畜力的农业经济,再到依靠能源动力的工业经济的变迁,正在加速进入依靠算力的数字经济时代。高性能算力对数据要素的高速驱动、海量处理和智能分析,成为支撑数字经济、数字社会和数字政府发展的核心基础。在全球新一轮科技革命与产业变革中,以算法、数据、算力为"三驾马车"的人工智能技术成为创新的先导力量,不断拓展新的发展领域,推动人类社会持续发生着巨大变革。未来,人类社会必将迈入人-机-物三元融合的"万物皆数"智慧时代,这背后同样需要强大的算力支撑。

  与可预见的爆发式增长的算力需求相对的,是越来越捉襟见肘的算力增长。既有算法面临海量数据的挑战,对算力能效的要求越来越严格,算力的提升不得不考虑各类终端接入方式的限制……在未来十年内,摩尔定律可能濒临失效,人类将面临算力短缺的世界性难题。如何破题?之江实验室提出要发展智能计算,为算力插上智慧的"翅膀"。

  我们认为,智能计算是支撑万物互联的数字文明时代的新型计算理论方法、架构体系和技术能力的总称。其核心思想是根据任务所需,以最佳方式利用既有计算资源和最恰当的计算方法,解决实际问题。智能计算不是超级计算、云计算的替代品,也不是现有计算的简单集成品,而是要在充分利用现有的各种算力和算法的同时,推动形成新的算力和算法,以广域协同计算平台为支撑,自动调度和配置算力资源,实现对任务的快速求解。

作为一个新生事物,智能计算正在反复论证和迭代中螺旋上升。在过去五年里,我们统筹运用智能技术和计算技术,对智能计算的理论方法、软硬件架构体系、技术应用支撑等进行了系统性、变革性探索,取得了阶段性进展,积累了一些理论思考和实践经验,得到三点重要体悟。

(1)智能计算的发展需要构建新的技术体系。随着计算场景与计算架构变得更加复杂多元,任何一种单一计算方式都会遇到应用系统无法兼容及执行效率不高的问题,推动计算资源和计算模式的广域协同能够同时满足算力和能效的要求。通过存算一体、异构融合、广域协同等新型智能计算架构构建智能计算技术体系,借助广域协同的多元算力融合,能够更好地实现算力按需定义和高效聚合。

(2)智能计算的发展将带来新的科技创新范式。智能计算所带来的澎湃算力在科研上的应用将支撑宽口径多学科融合交叉,为变革科技创新的组织模式、形成社会化大协同的创新形态提供重要支撑。智能计算所带来的先进算法将有助于自主智能无人系统突破未知场景理解、多维时空信息融合感知、任务理解和决策、多智能体协同等关键技术,为孕育和孵化未来产业、实现"机器换人"、驱动产业升级提供新的可能性。

(3)智能计算的发展将推动社会治理发生根本性变革。智能感知所带来的海量数据与智能计算的实时大数据处理能力,将为社会治理提供新方法、新工具、新手段。依托智能计算的复杂问题预测分析求解能力,实现对公共信息和变化脉络的深入理解和敏锐感知,形成社会治理整体设计方案和成套应用技术方案,有力推动社会治理从经验应对向科学决策的跃迁。

 站在信息产业由爆发式增长转向系统化精进的重要关口,智能计算未来的发展仍然面临着算力需求巨量化、算力价值多元化、智能计算系统重构化、智能计算标准规范化等多重挑战。在之江实验室成立五周年之际,我们以丛书的形式回顾和总结之江实验室在智能计算方面的思考、探索和实践,以期在更大范围内凝聚共识,与社会各界一道,利用智能计算技术,服务我国社会经济高质量发展。

 我也借着本丛书出版的契机,感谢国家、浙江省及国内外同行对之江实验室在智能计算领域探索的大力支持,感谢各位专家和同事的辛勤工作。

朱世强

2022 年 9 月 6 日

前　言

　　材料，是人类赖以生存的物质基础，是人类社会文明发展的标志。

　　人类文明，从直立行走到燧木取火，从石器时代、青铜器时代到电子信息时代、数字技术时代，从第一次工业革命的机械化、第二次工业革命的电气化到当今技术革命的信息化与数字化，都是以新材料的发现和创造为前提的。材料无处不需、无处不在，已经成为当今人类文明的重要核心支柱之一。

　　计算手段和技术的进步，从石子计数、结绳计数到珠算、仪器算，从单片机、微机到高性能计算机、超级计算机，为人类科学探索和文明进步提供了强有力的手段和工具。

　　计算技术的发展为材料科学的发展注入了新的血液，催生了计算材料学，成为新材料研发的推进器。

　　追溯历史，计算作为材料科学的研究手段由来已久，可以说计算材料学伴随着17世纪自然科学的发展而兴起，但真正的发展始于20世纪初量子力学的建立和后来计算机科学的成熟，这为材料计算从理论和技术两个层面带来了革命性的变化。近年来，信息技术、数据科学和人工智能技术与材料科学相融合，为材料科学带来了又一次大变革。其中，以人工智能和高性能计算技术为标志的数据科学的发展，以数据驱动材料研发为理念的材料信息学的建立，已成为下一代材料科技研究理念的核心。这一变革也催生了材料基因组技术的出现，使得计算、数据和高通量实验三者高度融合，成为推动 21 世纪材料科技发展的三大技术手段。

为了材料科学的明天,之江人在行动!

之江实验室以智能计算为核心,具有一流的计算资源和计算平台,特别是智能化技术构架,为智能计算在前沿科学、高端技术和国计民生的方方面面提供了优异的科研基础。今天,之江人以前瞻性的战略思想,将先进的智能计算平台与材料科学相结合,提出了智能计算数字反应堆计划之计算材料学,以期建立一个国内一流、国际领先的智能计算材料学平台。之江实验室面向先进制造业对关键新材料的需求,聚焦材料人工智能算法和模型、智能化计算材料软件、材料基因组专用数据库、材料数据管理与利用、关键新材料示范,建成一支高水平的计算材料学人才队伍,推动材料研发范式的变革,促进材料科学的原始创新与技术进步,为新材料研发提供基础平台和支撑,服务材料科学研究和经济社会发展。

本书围绕之江实验室智能计算数字反应堆建设,以之江实验室-上海大学计算材料学联合研究中心建设为契机,系统调研和总结计算材料学方法、历史和发展趋势,归纳出计算材料学的前沿科学和技术问题,提出发展智能计算材料学的布局建议,并据此制订中长期计划和近期若干行动方向,成为新材料基础创新基地,服务于国家未来的新材料产业需求。

由于时间和能力所限,书中内容难免存在不少疏漏,恳请读者不吝指正。

编　者
2022 年 9 月

目　录

1 背景篇

1.1 计算材料学的内涵

计算材料学是基于物理学理论模型,利用数学工具、计算方法和计算手段进行材料研究的一门学科。其目的在于建立工艺、组分、结构和性能之间的关系,进行新材料的发现和性能预测,从而设计和发现新材料及新应用。因此,计算材料学在材料科学基础研究和应用技术开发中占有极其重要的地位。

计算材料学是综合材料科学、计算机科学、物理学、数学、化学和力学的交叉学科。随着计算机与计算技术的高速发展,计算材料学可以通过计算机模拟,事先预测和设计材料的性能,从而大大减少实验试错的成本和时间。近年来,新兴人工智能和大数据方法的融合使计算材料学如虎添翼。数据驱动的人工智能方法极大地扩展了计算材料学的预测效率和能力。数据驱动的材料研发能够将高通量计算、高通量实验和数据库/机器学习方法高度融合,低成本地加速材料研发的整个流程。传统的材料设计方法需要材料设计者通过不断调整设计参数,在不同参数设置下分别进行实验来寻找满足需求的材料设计参数。而以深度学习为代表的人工智能技术,为我们汇聚多模态、多领域的海量数据,并高效准确地从中提取规律和价值提供了可能。鉴于此,我们可根据已知实验数据构建机器学习模型,预测某个特定设计参数下的目标响应。这样,在面对新的材料设计需求时,便可以借助模型预测值来搜索最优的材料设计参数,从而大大减少实验次数,加快材料研发速度,降低材料研发成本,提高材料设计的成功率和效率。

将传统计算材料方法与数据驱动人工智能方法深度结合,正衍生为新兴的智能计算材料研究方向。智能计算材料研究方向包括两方面:一是人工智能辅助的计算材料方法,主要是利用人工智能方法,扩展传统的计算材料方法的预测能力和效率;二是基于计算材料数据的人工智能预测方法的发展与应用,主要是以计算数据为基础,发展人工智能材料构效关系预测模型。融合计算驱动和数据驱动的智能化计算材料的理念,为低成本快速材料研发带来前所未有的机遇,正在引发计算材料学的突破性发展和飞跃式变革。

人类社会的历史发展证明,材料是人类赖以生存的物质基础,存在于我们生活的方方面面。可以说,没有材料,就没有丰富多彩的世界和人类的幸福生活。人类社会发展与材料的发展轨迹见图 1-1[1]。材料是推动人类历史和文明发展的第一驱动力,材料的进步推动了历史文明的发展,是人类进步的标志。

第二次世界大战后,各国致力于恢复经济,发展工农业生产,对材料提出质量轻、强度高、价格低等一系列新的要求。具有优异性能的工程塑料部分代替了金属材料,合成纤维、合成橡胶、涂料和胶黏剂等都得到相应的发展和应用。合成高分子材料的问世是材料发展中的重大突破,以金属材料、陶瓷材料和合成高分子材料为主体,人类建立了完整的材料体系,形成了材料科学。

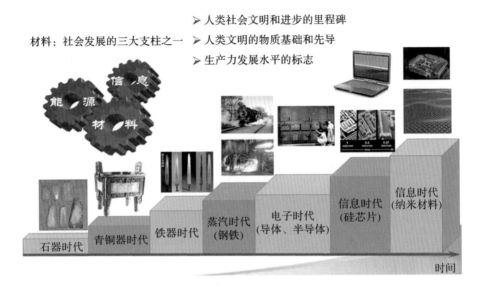

材料：社会发展的三大支柱之一

➤ 人类社会文明和进步的里程碑
➤ 人类文明的物质基础和先导
➤ 生产力发展水平的标志

能源 信息 材料

石器时代　青铜器时代　铁器时代　蒸汽时代(钢铁)　电子时代(导体、半导体)　信息时代(硅芯片)　信息时代(纳米材料)

时间

图 1-1　人类社会与材料的发展轨迹

新材料是指新出现的具有优异性能或特殊功能的材料,也可以是传统材料改进后性能明显提高或具有新功能的材料。任何一种高新技术的更新换代,都必须以该领域的材料技术突破为前提,新材料在工业革命中起到了无可替代的支撑作用[2]。如微电子芯片集成度及信息处理速度大幅提高、成本不断降低,硅材料在其中发挥了重要作用;氮化镓等化合物半导体材料的发展,催生了半导体照明技术;LED 灯的光效给照明工业带来革命性变化;太阳能电池转换效率不断提高,极大推动了新能源产业的发展。镁钛合金等高性能结构材料的加工技术取得突破,成本不断降低,研究与应用重点由航空、航天以及军工扩展到高附加值民用领域。绿色、低碳的新材料技术及产业化将成为未来发展的主要方向。跨国集团在新材料产业中仍占据主导地位,世界著名企业集团凭借其技术研发、资金和人才等优势,不断向新材料领域拓展,在高附加值新材料产品中占据主导地位。

　　随着科技的发展,新材料的应用领域与日俱增,除了广泛应用于航空航天、国防军工等高技术领域,还可用于文体用品、纺织机械、医疗器械、生物工程、建筑材料、化工机械、运输车辆等领域。随着新能源等行业的快速发展,中国新材料需求将呈现持续增长的趋势,前景广阔。新材料产业承担着引领材料工业升级换代、支撑战略性新兴产业发展、保障国民经济和国防军工建设等重要使命。国家陆续出台相关政策支持新材料的发展。2016年12月,工信部、发改委、科技部、财政部四部委印发《新材料产业发展指南》,引导了"十三五"期间新材料产业健康有序发展,使我国新材料产业体系初步形成,并保持良好的发展势头。2021年3月,《"十四五"规划和2035年远景目标纲要》发布,其中明确提出实施制造强国战略,加快发展现代产业体系,巩固壮大实体经济体系,并对提升制造业核心竞争力的高端新材料作出明确指示:推动高端稀土功能材料、高品质特殊钢材、高性能合金、高温合金、高纯稀有金属材料、高性能陶瓷、电子玻璃等先进金属和无机非金属材料取得突破,加强碳纤维、芳纶等高性能纤维及其复合材料、生物基和生物医用材料研发应用,加快茂金属聚乙烯等高性能树脂和集成电路用光刻胶等电子高纯材料关键技术突破。上述国家层面战略规划的出台,为新材料产业的发展创造了良好的政策环境。

　　目前新材料的研究主要集中于高端金属结构材料、碳纳米半导体材料、第二代半导体Ⅲ—Ⅴ族半导体材料、石墨烯材料、智能材料、前沿量子材料等。我国新材料产业规模巨大,新材料产业在金属材料、纺织材料、化工材料等传统领域基础较好,稀土功能材料、先进储能材料、光伏材料、有机硅、超硬材料、特种不锈钢、玻璃纤维及其复合材料等产能居世界前列。新材料根据不同的分类依据可分为不同的产品类型,按应用领域可分为新能源材料、生物医用材料、环保节能材料、交通设备材料、电子信息材料、新型化工材料等。新能源材料是指新近发展的或正在研发的、性能超群的一些材料,具有比传统材料更为优异的性能,是实现新能源的转化和利用以及发展新能源技术的关键。常见的新能源材料有锂电池材料、太阳能电池材料、燃料电池材料、储氢材料、核能材料等。近年来,随着新能源产业需求释放,新能源材料市场发展迅速。以动力锂电池材料为例,2018 年我国动力锂电池总装车量为 63.6GW·h,2021 年上升至 154.5GW·h。在锂电池快速增长的需求推动下,我国锂电池正极材料、负极材料产销规模已位居世界前列。生物医用材料主要分为介入性治疗材料和组织修复材料,介入性治疗材料主要有高分子材料、金属材料和复合材料;组织修复材料主要有医用金属材料、医用高分子材料、医用陶瓷材料、医用复合材料等。环保节能材料是指同时具有良好使用性能和最佳环境协调性的一类材料,分为基本无毒无害型和低毒低排放型。这类材料具有对资源和能源消耗少、对生态环境污染小、再生利用率高或可降解和可循环利用的性质,而且要求材料在从制造、使用、废弃直到再生利用的整个生命周期中,都具有与环境的协调共存性。交通设备材料种类繁多,包括钛合金、铝合金、镁合金等。近年来,在我国大力推动交通设施建设的情况下,交通设备材料呈现较好发展态势。以铝合金为例,目前,我国已建立了比较完整的铝合金研究和生产体系,可生产 18 个大类,200 多种铝合金,2400 多个品种,14000 多种规格的铝及铝合金产品,基本能满足国民经济需求。2021 年,全国铝合金产量为 1168.0 万吨,同比增长 14%。电子信息材料主要指微电子材料和光电子材料,其中,微电子材料以多晶硅和单晶硅为主要代表,光电子材料主要是指半导体照明材料和光纤材料。2020年,我国电子信息制造业继续保持活力,进出口货值和营业收入保持增长态势,推动电子信息材料持续发展。新型化工材料品种较多,具有代表性的产品包括有机硅、有机氟、碳纤维、聚氨酯、改性塑料等。随着下游应用的拓展,新型化工材料的市场需求呈现出稳步增长态势。以有机硅为例,我国有机硅产能、产量以及表观消费量均呈现出逐年增长的态势。据统计,2014 年我国有机硅表观消费量约为 33 万吨,2021 年 1 月到 11 月已迅速增长至 124 万吨。

关键技术的不断突破和新材料品种的不断增加,使我国高端金属结构材料、新型无机非金属材料、高性能复合材料的保障能力明显增强,先进高分子材料和特种金属功能材料自给水平逐步提高。新材料支撑重大应用示范工程的作用日益显现,为我国能源、资源环境、信息领域的发展提供了重要的技术支撑,是建设重大工程、巩固国防军工的重要保障。

20 世纪 80 年代后,世界范围内高新技术迅猛发展,各国展开了激烈的竞争,都想在生物技术、信息技术、空间技术、能源技术、海洋技术等领域占有一席之地。发展高新技术往往要以材料为支撑,而新型材料开发本身就是一种高新技术,可称之为新材料技术,其标志技术是材料设计或分子设计,即根据需要来设计具有特定功能的新材料。材料的重要性已被人们充分地认识,能源、信息和材料被公认为当今社会发展的三大支柱。

20 世纪以来,人类的认知深入到了物质结构的更微观层次,引发了物理学的一场大革命。这场革命推动了包括化学、生命科学在内的整个自然科学和应用技术的伟大变革,为材料科学和技术进步提供了新的知识基础,注入了新的活力。材料科学与工程是物理学、化学等基础科学与工程科学融合的产物,它的根本任务是揭示材料组分、结构与性质的内在关系,设计、合成并制备出具有优良使用性能的材料。材料科学的发展虽然日渐成熟,但科学技术的发展对材料科学不断提出新的要求,催动着材料科学与时俱进,不断革新。与此同时,随着国内新材料、新技术越来越快地发展,各国意识到新材料、新技术的重要性,新材料、新技术的竞争也越来越激烈,国内一些相对薄弱行业出现了技术上的"卡脖子"现象。2018 年 4 月 16 日,美国商务部宣布,未来 7 年将禁止美国公司向中兴通讯销售零部件、商品、软件和技术。2019 年 5 月 16 日,美国商务部发表声明称,将华为及其 70 个关联企业列入美方"实体清单",禁止华为在未经美国政府批准的情况下从美国企业获得元器件和相关技术。2020 年 12 月 18 日,美国政府将中芯国际等多家公司列入黑名单,限制其购买美国技术。到现在,美国政府也丝毫没有放松对中国的多方遏制,对中国的先进科学和高新技术的打压、封锁和限制几乎已经上升为美国的国家战略。

新材料产业是支撑国民经济发展的基础产业,是高技术产业的发展先导,是促进经济快速增长和提升企业及地区竞争力的原动力。新材料产业的发展水平已成为衡量一个国家经济社会发展、科技进步和国防实力的重要标志,因此世界各国纷纷在新材料领域制定出台相应的规划,竭力抢占新材料产业的制高点。目前,发达国家仍在国际新材料产业中占据领先地位,世界上新材料龙头企业主要集中在欧美和日本。就集中典型高端代表性材料而言,日本、美国、德国的 6 家企业占全球碳纤维产能的 70% 以上,日本、美国的 5 家企业占全球 12 寸晶圆产量的 90% 以上,日本的 3 家企业占全球液晶背光源发光材料产量的 90% 以上。高新技术的快速发展对关键基础材料提出新的挑战和需求,同时材料的更新换代又促进了高新技术成果的产业化。可见,我国在高端制造业新材料方面还与发达国家存在很大差距,有不少的"卡脖子"现象。因此,从"中国制造 2025"到"面向 2035"战略规划,新材料一直是国家战略发展的重点领域之一。

1.2　计算材料学的发展和变革

20 世纪中期以后,随着与材料科学相关的基础学科的发展,如物理学、化学等学科的发展,计算物理与量子化学方法的不断完善,特别是计算机硬件和软件技术的不断进步,材料科学、物理学、化学、应用数学以及工程力学多学科交叉,计算材料学获得了迅猛发展。计算方法和对象包括电子—原子层次上的第一原理计算、结构性能预测、介观尺度微结构演化、宏观有限元计算、多尺度计算、工程过程仿真等,奠定了计算材料学利用计算方法从微观、介观到宏观,全尺度认识材料本质属性和服务材料产业应用的科学理论体系基础。适用于不同空间尺度(横坐标)和运动时间尺度(纵坐标)的计算材料学的相应理论发展态势见图 1-2。

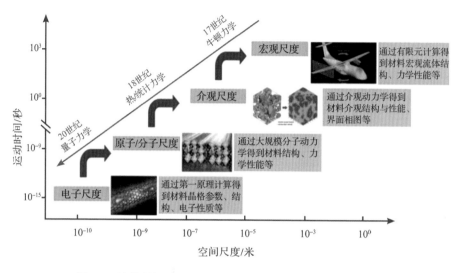

图 1-2　计算材料学在微观、介观、宏观多个尺度上的理论发展

图 1-2 中的红线表示自然科学理论发展时间线与计算材料不同尺度理论发展的对应关系。可以看出，这与人类从宏观到微观、从简单到复杂、从粗略到细微的认识自然规律相一致。

1.2.1　计算材料学典型方法的发展历史

(1)宏观大尺度材料体系的有限元法的发展

17 世纪建立的牛顿力学，标志着人类开始系统认识宏观物质的运动规律。从宏观尺度上来看，材料是一种连续分布的固态物质，在这一尺度上，人们更多地关注材料的力学特性，如其承重、抗压、拉伸、断裂行为等。这里计算的基本研究对象是连续介质体，描述这种材料的学科称为连续介质力学，其基本假设为真实世界中的固体是由连续且充满整个空间的连续介质组成的(暂抛开流体不予讨论)。虽然这一概念符合弹性力学的一般假设，但与真实的物理世界不一致，为了突出主要矛盾，它是一个简化了的理想模型。

计算材料学关于宏观连续介质大尺度材料问题的理论主要是有限元法，完整名称叫有限单元法(finite element method，FEM)。该方法的主要思想就是考虑到实际的大尺度材料是一个非常复杂的体系,对其力学等特性的描述涉及非常复杂的数学偏微分方程和复杂形状的边界条件。为了求解偏微分方程和准确描述复杂形状的系统边界,人们求解时将整个问题区域分解成多个小区域,每个小区域都成为简单部分,这种简单部分就称作有限元。该方法类似于用多段相连接的微小直线逼近圆,将许多被称为有限元的小区域上的简单方程联系起来,并用其去估计更大区域上的复杂方程,整个问题的求解就看成由许多称为有限元的小的互连子域组成,对每一单元假定一个合适的(较简单的)近似解,然后推导得到整个宏观大尺度材料问题的解。

实际上,有限元的逼近思想最早可以追溯到牛顿力学之前,并在几个世纪前就得到了应用,如用多边形(多个直线单元)逼近圆来求圆的周长等。大约在 18 世纪末,欧拉创立变分法,并与牛顿力学融合,用与现代有限元法相似的方法求解轴力杆的平衡问题[3]。但由于那个时代缺乏强大的运算工具,难以解决有限元中计算量大的困难。1941 年,Hrennikoff[4]首次提出用构架方法求解弹性力学问题,当时称之为离散元素法,仅限于杆系结构来构造离散模型。1943 年,纽约大学教授 Richard[5] 从数学上明确提出了有限元的思想,第一次尝试将定义在三角形区域上的分片连续函数和最小位能原理相结合,来求解圣韦南(Saint-Venant)扭转问题。由于当时计算机尚未出现,该工作并没有引起应有的注意。

自 1943 年有限元法提出以后,有限元理论及其应用得到了迅速发展。早期有限元主要用于求解固体力学中的静力平衡问题。在工程领域,航空事业的飞速发展直接推动了有限元的应用。20 世纪 50 年代,美国波音公司首次采用三节点三角形单元,将矩阵位移法应用到平面问题,研究杆、梁以及三角形单元刚度表达式,这是在工程领域应用有限元法的开端。20 世纪 60 年代初,美国加州大学教授 Clough[6]发表了一篇处理平面弹性问题的论文,将离散单元推广到连续体单元,并首次将其命名为有限元法。1967年,Zienkiewicz 等[7]出版了有限元著作 *The Finite Element Method in Structure Mechanics*(《结构力学的有限元分析》)。该书成为该领域的经典著作,为有限元法的推广应用做了奠基性的贡献。与此同时,有限元法在中国特定环境下并行于西方独立发展起来。1964 年,冯康创立数值求解偏微分方程的有限元法,形成了标准算法,编制了通用的工程结构分析计算程序。1965 年,冯康[8]发表了论文《基于变分原理的差分格式》,标志着有限元法在我国问世。

(2)介观尺度的热力学相图方法的发展

介观尺度的计算材料方法为相图热力学计算(calculation of phase diagram,CALPHAD)。该方法基于经典热力学理论逐步发展起来,可实现多元系相图计算、热力学性质计算、扩散动力学模拟以及热物理性能预测等。CALPHAD 的发展历程可以追溯到 1875 年。当时,Gibbs[9]通过引入化学势的概念,提出了将势及其共轭量联系起来的热力学基本方程式,奠定了多相平衡的热力学基础。30 年后,van Laar[10,11]运用 Gibbs 自由能模型,进行了二元相图的计算。20 世纪 50 年代,Meijering 等[12,13]将 van Laar 的工作推广到三元及更高元体系。1956 年,Kaufman 等[14]运用规则溶液模型计算了 Fe-Ni 相图,标志着 CALPHAD 方法的诞生。1959 年,Kaufman[15]开始系统地研究晶格稳定性,晶格稳定性的概念为其后热力学计算方法成功向二元及多元体系扩展奠定了基础。随后,Kaufman 和 Bernstcin[16]在他们合著的 *Computer Calculations of Phase Diagrams*(《相图的计算机计算》)一书中阐明了如何从实验相图和第一性原理计算的结果推导热力学模型参数,以及如何根据参数计算相图。理论方法的突破和计算机硬件的发展为热力学和相图计算创造了条件。1977 年,Lukas 公布了相图计算及优化程序,用于计算溶体相的相平衡并对二元和三元体系进行热力学优化评估。在此之前,Eriksson[17]开发了多组元相平衡计算软件 SOLGAS。该软件适用于气相和具有化学计量比的固相的热力学计算。1981 年,更加通用的多组元热力学计算软件包 Thermo-Calc 发布,它集成了更多的热力学模型和功能强大的模型参数优化模块。Sundman 等[18]在其 1985 年的文章中对 Thermo-Calc 进行了详细介绍。接着,Ågren 等[19]开始研究非平衡过程,主要是扩散控制的相变过程的模拟,并逐步开发了模拟软件 DICTRA(diffusion-controlled transformations）。随后开发并广泛应用的商业软件还有热力学计算程序MTDATA、PANDAT 和 FactSage 等，析出动力学模拟软件 MatCalc、TC-PRISMA，以及能进行热、动力学计算和提供物理性质数据的 JMatPro 等。近年来，国际上一些长期从事热力学建模和计算的专家倡导开发开源共享的热力学计算软件，如 OpenCalphad 等。其目的是让更多的学者自由高效地发展新模型，而不必在算法和程序开发上花费过多的精力。

（3）介观尺度材料结构相场模拟方法的发展

从密度泛函到相场模拟（phase field，PF）是计算材料发展的又一个里程碑。早在一个世纪以前，van der Waals[20]用连续变化的密度泛函方法模拟了液—气界面。70 多年以前，Ginzburg 等[21]采用复杂的序参量及其梯度项建立了用于模拟超导体系的模型，Cahn 等[22]提出了非均匀体系扩散型界面假设下的梯度热力学模型。此后，由 Gunton[23]继续发展的相变动力学随机理论导出了和目前先进相场模型类似的方程。最近50 年，扩散型界面这一概念才被真正引入对材料微结构的模拟，形成了所谓的相场。相场模拟最初是为了绕开凝固组织模拟中追踪液固界面的困难。相场方法以热力学为基础，常用于模拟材料的相变和微观组织的演变。它是一种介观尺度的方法，其变量可以是抽象的非守恒量，可用来度量系统是否处于给定相（如固体、液体等），将系统看作一个整体，热力学变量控制方程在不同的相区域具有相同的形式，在界面处自然过渡，因此在各类组织演化问题中得到广泛应用。

（4）基于材料原子、分子组成的分子动力学方法的发展

从物质结构层次和尺度看，任何物质都由原子、分子组成，物质固态、液态和气态等宏观态的转变是因为其内在原子或分子组合形式发生了变化。18 世纪，由焦耳、麦克斯韦和玻尔兹曼等系统建立起来的热力学与统计力学，最终确定了描述这类连续介质的分子动力学理论——现代分子运动理论。在现代分子运动理论中，分子的运动遵守经典力学的牛顿三大定律。1957 年，Alder 等[24]通过计算机模拟的方法，开始研究从 32个到 500 个刚性小球系统的运动过程。他们将刚性小球分子放置在有序分布的格点上,使其具有大小相同,但是方向随机的速度。除相互间的完全弹性碰撞外,刚性小球之间没有任何相互作用。结果发现,经过一段时间的模拟,系统中刚性小球的径向分布函数和速度分布满足麦克斯韦-玻尔兹曼分布(Maxwell-Boltzmann distribution)。同时,这一方法也可以被推广到更复杂、具有势阱的分子体系。1964 年,Rahman[25] 开始使用伦纳德-琼斯(Lennard-Jones)势函数来模拟 864 个 Ar 原子体系,同样得到了符合既有经验方程的结果。这种通过利用计算机模拟大规模分子运动的集体行为来研究材料的方法,开启了分子动力学(molecular dynamics,MD)在材料研究领域的应用。

(5)材料微观尺度的第一性原理方法的发展

组成物质最小单元的原子由更小的微观粒子构成,尺度只有 10^{-10} 米。因此,要揭示材料结构和应用特性的本质,就要从原子内部的电子层次来认识材料。描述这一微观尺度电子运动的规律就是 20 世纪初建立起来的量子力学理论,也就是说要从量子力学理论中描述微观粒子运动规律的最原始的方程——薛定谔方程出发来从头算起,这就是所谓的第一性原理计算。1928 年,Bloch[26] 首次将量子理论运用于固体研究,标志着从微观尺度来进行计算材料研究的开端。

第一性原理计算最著名的实现是密度泛函理论(density functional theory,DFT),它构建了基于量子力学原理研究多电子体系电子结构的方法。因为量子力学中的薛定谔方程是一个偏微分方程,对稍复杂一点的原子体系求解相当困难,因而具有非常大的局限性。1928—1930 年,人们发展了哈特里-福克(Hartree-Fock)方法[27],该方法采用平均场近似求解复杂体系的电子结构问题。1964—1965 年,Kohn 等[28] 提出了DFT,并合作提出了科恩-沙姆(Kohn-Sham)方法[29],Kohn 也因此获得1998 年的诺贝尔化学奖。该方法在材料、物理和化学上都有广泛的应用,特别是在分子层次,是材料物理、材料和计算化学领域最常用的方法之一。

(6)多尺度计算的发展

上述计算方法都是在同一层级的空间尺度和时间尺度上进行材料计

算,但材料的行为往往有多尺度的特性。如材料的蠕变行为,即对一个材料施加单向的拉力并保持不变,材料会逐渐伸长,这种宏观上的伸长行为是由微观上原子扩散等行为造成的。宏观伸长变形的空间尺度为米的量级,时间尺度为天的量级,而微观原子的运动为纳米和纳秒的量级。因此,20 世纪 80 年代以后,计算材料领域提出多尺度计算的概念,多尺度计算的工作开始呈指数增长(表 1-1)[30]。多尺度计算有两种主要形式,一是并行多尺度,二是串行多尺度。在并行多尺度中,两个尺度的现象使用不同尺度的计算方法同时计算,如在蠕变计算中,宏观的变形用有限元法计算,微观的原子扩散用分子动力学计算。这种跨尺度计算的最大难点是两个尺度的"握手"衔接部分。串行跨尺度计算通过更细观尺度的计算获得粗观尺度计算所需要的计算参数。

表 1-1　与多尺度模拟相关的文章数

时间	文章数
1980 年以前	0
1981—1985 年	2
1986—1990 年	3
1991—1995 年	25
1996—2000 年	106
2001—2005 年	474
2006—2010 年	1174

(7)集成计算材料工程

20 世纪末至 21 世纪初,计算材料学发展出了一门新学科——集成计算材料工程(integrated computational materials engineering,ICME),其目标是将材料模拟计算、工程产品性能分析和工业制造过程模拟集成为一个整体。材料的性能不是作为一个输入常数参与产品的设计过程,加工工艺的制定将改变材料的性能,进而影响产品的设计,产品的最初设计有可能因为材料性能的改善而改变。这种集成式设计可以使工业产品和材料性能的设计达到最优组合。

(8)高通量计算材料方法的发展

随着当今先进计算机技术和人工智能数据科学的发展,计算材料领域出现了高通量计算(high-throughput calculation)的概念。高通量计算是指计算产生数据的数量和速率太大,以至于仅靠人力无法完成分析,必须设计从想法到结果的自动工作流,由计算机依靠自动工作流和数据库,自动进行计算体系和参数的设计、计算启动和终止、计算结果的自动化分析[31]。随着 2011 年材料基因组计划(materials genome initiative,MGI)的提出,高通量计算和高通量实验并列成为利用材料信息学进行数据积累和材料筛选的重要手段。

1.2.2　材料研究范式变革——智能计算材料

有研究人员把材料的研究范式分为实验驱动、理论驱动、计算驱动和数据驱动四类[32](图 1-3)。这四类范式的划分依据是进行材料优化和新材料设计的主要工具。可以看到,从 2000 年开始,材料的研究范式从计算驱动往数据驱动转移,代表性事件是材料基因组计划的提出。毫不夸张地讲,计算材料学的发展是材料基因组计划出现的导火索。

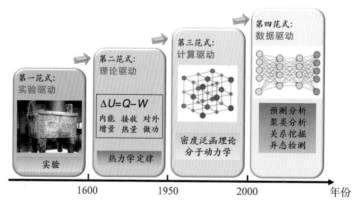

图 1-3　材料研究的四种范式

材料基因组计划由美国时任总统奥巴马于 2011 年发布。20 世纪后期,制造业向新兴经济体的全面外移使美国觉得对其国家战略安全构成了威胁,美国政府提出了"先进制造业伙伴计划"。该计划的目标是降低制造业成本,使得先进制造业重返美国本土,以继续保持其在先进制造业科技领域的优势。作为该计划的一部分,美国政府随即发布了材料基因组计划[33],目的是振兴美国制造业,保持美国的全球竞争力。

材料基因组计划的出发点为:传统的材料研究方法以大量的材料制备为中心,强调经验积累;用经验与不断的循环试错来提高性能,效率低、周期长;局限在有限知识范围内,取得突破的偶然性大,难以获得体系内的最优值。这种完全依赖于直觉与试错的传统材料研究方法已跟不上工业快速发展的步伐,甚至可能成为制约技术进步的瓶颈。因此,亟须革新材料研发方法,加速材料从研发到应用的进程。材料基因组计划提出了集成多尺度的计算材料科学方法、高效实验手段和数据库技术,把材料研发从传统经验式的"炒菜-试错法"提升到理性的科学高度,加快材料研发速度,降低材料研发成本,提高材料设计的成功率,从而实现材料从发现、制造到应用的速度提高一倍、成本降低一半的目标(图 1-4)。

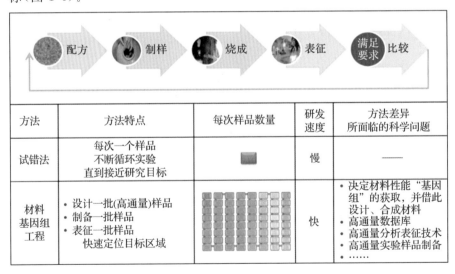

图 1-4 传统材料研究方法与材料基因组方法的比较

　　2012 年,材料基因组计划作为美国的国家性运动展开,仅联邦政府就直接投入超过 5.5 亿美元,加上地方政府、大型企业、中小公司等各种形式的投资,总费用超过 10 亿。美国政府围绕材料基因组计划推进平台和设备共建共享、数据库公开等,以大学为中心,联合企业和私人研发机构,建立 MGI 协同创新中心逾 20 个,其中包括美国国家标准局(NIST)的先进材料卓越研究中心、威斯康星大学麦迪逊分校的威斯康星材料创新研究院、佐治亚理工学院的材料研究院(Imat)、密歇根大学的集成计算材料工程中心、麻省理工学院的材料计划中心(Materials Project)等。2014 年,美国政府又将材料基因组计划提升为提高国家材料和制造业研究实力的战略性研究计划,并要求美国国防部、能源部、空军、国家科学基金会等部门加强对相关研究的支持。

　　材料基因组研究模式的技术构成如图 1-5 所示。可以看出,材料基因组计划是不同科学领域的结合,涉及很多交叉学科,其中材料数据库的建立离不开计算材料学。计算技术(高通量)、数据技术(核心与驱动)和实验技术(高通量)三者的高度融合成为推动 21 世纪材料科技发展的三大技术手段。美国的集成计算材料和材料基因组计划得到了其他国家的快速响应和跟进。

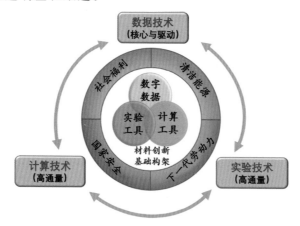

图 1-5　材料基因组研究模式的技术构成

参考文献

[1]中国科学院先进材料领域战略研究组.中国至 2050 年先进材料科技发展路线图[M].北京:科学出版社,2009.

[2]李元元.新形势下我国新材料发展的机遇与挑战[J].中国军转民,2022(1):22-23.

[3]Burnet J. Early Greek Philosophy[M]. Montana: Kessinger Publishing,2003.

[4]Hrennikoff A. Solution of problems of elasticity by the framework method[J]. Journal of Applied Mechanics,1941,8(4):A169-A175.

[5]Richard C. Variational methods for the solution of problems of equilibrium and vibrations[J]. Bulletin of the American Mathematical Society,1943,49(1):1-23.

[6]Clough R. The finite element method in plane stress analysis[C]//American Society of Civil Engineers (ASCE) Conference on Electronic Computation, Pittsburgh, America,1960.

[7]Zienkiewicz O C, Cheung Y K. The Finite Element Method in Structural Mechanics[M]. London: McGraw-Hill,1967.

[8]冯康.基于变分原理的差分格式[J].套用数学与计算数学,1965,2(4):237-261.

[9]Gibbs J W. On the equilibrium of heterogeneous substances[J]. American Journal of Science,1878,s3-16(96):441-458.

[10]van Laar J J. Melting or solidification curves in binary system: Part Ⅰ[J]. Zeitschrift für Physikalische Chemie,1908,63:216-253.

[11]van Laar J J. Melting or solidification curves in binary system: Part Ⅱ[J]. Zeitschrift für Physikalische Chemie,1908,64:257-297.

[12]Meijering J L. Segregation in regular ternary solutions: Part Ⅰ[J]. Philips Research Report,1950,5:333-356.

[13]Meijering J L, Hardy H K. Closed miscibility gaps in ternary and quaternary regular alloy solutions[J]. Acta Metallurgica,1956,4:249-256.

[14]Kaufman L, Cohen M. The martensitic transformation in the iron-nickel system[J]. The Journal of the Minerals, Metals, and Materials Society,1956:206:1393-1401.

[15]Kaufman L. The lattice stability of metals-I: Titanium and zirconium[J]. Acta Metallurgica,1959,7:575-587.

[16]Kaufman L, Bernstein H. Computer Calculation of Phase Diagrams[M]. New York and London: Academic Press,1970.

[17]Eriksson G. Thermodynamics studies of high temperature equilibria Ⅲ: SOLGAS, a

computer program for calculating the composition and heat condition of an equilibrium mixture[J]. Acta Chemica Scandinavica,1971,25:2651-2658.

[18]Sundman B, Jansson B, Andersson J O. The thermo-calc databank system[J]. Calphad-Comput Coupling Ph Diagrams Thermochem,1985,9:153-190.

[19]Ågren J. Numerical treatment of diffusional reactions in multicomponent alloys[J]. Journal of Physics and Chemistry of Solids,1982,43:385-391.

[20]van der Waals J D. The thermodynamic theory of capillarity under the hypothesis of a continuous variation of density[J]. Journal of Statistical Physics,197920:200-244.

[21]Ginzburg V L, Landau L D. On the theory of superconductivity[J]. Journal of Experimental and Theoretical Physics,1950,20:1064-1082.

[22]Cahn J W, Hilliard J E. Free energy of a nonuniform system I: Interfacial free energy[J]. Journal of Chemical Physics,1958,28:258-267.

[23]Gunton J D, San-Miguel M, Sahni P S. Phase Transitions and Critical Phenomena: The Dynamics of First-Order Phase Transitions[M]. New York: Academic press,1983.

[24]Alder B J, Wainwright T E. Studies in molecular dynamics I: General method[J]. The Journal of Chemical Physics,1959,31(2):459-466.

[25]Rahman A. Correlations in the motion of atoms in liquid argon[J]. Physical Review,1964,136(2A):A405-A411.

[26]Bloch F. Über die quantenmechanik der elektronen in kristallgittern[J]. Zeitschrift für Physikalische Chemie,1929,52:555-600.

[27]Szabo A, Ostlund N S. Modern Quantum Chemistry[M]. Mineola, New York: Dover Publishing,1996.

[28]Hohenberg P, Kohn W. Inhomogeneous electron gas[J]. Physical Review,1964,136:B864-B871.

[29]Kohn W, Sham L J. Self-consistent equations including exchange and correlation effects[J]. Physical Review,1965,140:A1133-A1138.

[30]Tadmor E B, Miller R E. Modeling Materials: Continuum, Atomistic and Multiscale Techniques[M]. New York: Cambridge University Press,2011.

[31]Curtarolo S, Hart G L, Nardelli M B, et al. The high-throughput highway to computational materials design[J]. Nature materials,2013,12(3):191-201.

[32]Agrawal A, Choudhary A. Perspective: Materials informatics and big data: Realization of the "fourth paradigm" of science in materials science[J]. APL Materials,2016,4(5):053208.

2 现状篇

2.1 材料计算的主要方法

材料计算的方法根据研究对象空间和时间尺度的不同,有很大差异。如研究材料的电子结构,常用基于密度泛函理论的第一性原理;研究材料体系的原子和分子的运动轨迹,常采用分子动力学方法;宏观层次上常采用有限元法和有限差分法来广泛解决材料在应用过程中的工程问题。实际上,材料的性质往往是由多个层次的结构决定的,对材料行为的表征常常涉及多尺度问题。因而近年来,将不同方法结合起来的多尺度材料计算得到广泛重视和进一步的发展。集成计算材料工程和高通量计算材料方法的出现和发展,为实现高效率、低成本研发提供了可能途径。

2.1.1 基本方法

(1)第一性原理计算

准确描述物质微观尺度电子和原子的运动规律需要用到量子力学。其中,薛定谔方程是求解微观粒子运动的基本方程。基于量子力学原理,无须任何经验参数输入,直接从体系基本物理量(如原子电荷、坐标等)出发,计算出体系的物理化学性质和行为的方法称为第一性原理计算。但薛定谔方程的求解非常复杂,人们只能对最简单的具有一个电子绕核运动的氢原子求出解析解,在用于实际复杂体系时遇到困难。这一问题随着密度泛函理论(DFT)的提出和发展得到了有效的解决。DFT 把求解薛定谔方程中的波函数问题转化为求解体系的电子密度问题,大大简化了计算,可以快速计算出较大材料体系(到几百个原子)的各种性质。

霍恩伯格-科恩(Hohenberg-Kohn)的两大定理是 DFT 的基石。其中,第一定理指出,非简并体系基态总能与体系电子密度一一对应,因此体系总能可写成密度的泛函。第二定理指出,体系最低能量对应于真实基态电子密度,通过 Kohn-Sham 单电子方程可把基态电子密度求解出来,进而算出体系总能及其他物理化学性质。DFT 的体系总能表达式中有一项称为交换关联能,该项的准确表达式未知,多年来科学家发展了很多近似方法来描述这一项,不同的方法被称为不同的泛函。DFT 计算精度主要取决于对交换关联能的近似程度,比如 LDA、GGA、Meta-GGA 的精度依次提升,但随着精度的提升,计算量不断增大。目前最常用的泛函依然是 GGA 近似的 PBE,它具备计算成本相对较低且兼顾一定准确度的优势,但是 PBE 在某些方面计算的准确度仍不够理想,如材料的带隙计算等。DFT 的一般计算流程见图 2-1。

DFT 计算软件有很多,如 VASP、GAUSSIAN、WIEN2k、Quantum-Espresso、FHI-aims、SIESTA 等。其中,VASP 和 GAUSSIAN 是目前用户量最多的两大计算软件。以 VASP 为例,其为采用赝势平面波基组进行从头算的分子动力学模拟软件包。VASP 基于周期性边界条件来处理原子、分子、团簇、表面、晶体等,可计算出材料的几何结构、电子结构、分子动力学、光学、磁学、电学等材料性质和行为。详细使用方法可参考其使用手册[1]。

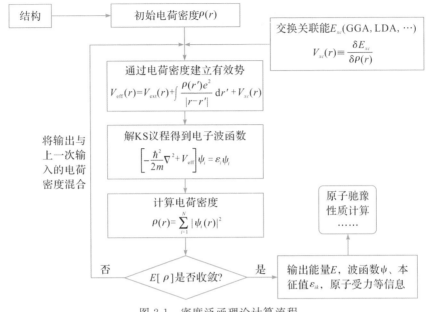

图 2-1　密度泛函理论计算流程

(2)分子动力学模拟

分子动力学(MD)方法一般通过求解牛顿运动方程来描述材料体系原子和分子的运动轨迹,以及模拟体系在热力学条件下结构和性质随时间的演化。根据如何求解原子受力,MD 方法一般可分为三大类,包括基于经验势函数和力场方法的 MD 方法、基于波恩-奥本海默(Born-Oppenheimer)方法的波恩-奥本海默分子动力学(BOMD)方法和基于卡尔-帕林尼罗(Car-Parrinello)方法的卡尔-帕林尼罗分子动力学(CPMD)方法。目前,MD 模拟技术已经发展得较成熟,可用于气体、液体、固体、生物大分子等材料体系。

势函数是描述原子间相互作用势的近似物理模型。一旦建立了准确的势函数,即可快速求出作用在每个原子上的受力情况,然后通过牛顿定律进行演化,如图 2-2 所示。常见原子间相互作用势有伦纳德-琼斯(Lennard-Jones)势、莫雷斯(Mores)势、嵌入原子势(EAM)、神经网络势及各种力场方法等。势函数方法具有速度快、可模拟至纳秒时间尺度等优势,同时也面临着如何提高势函数的准确度和通用性等问题。

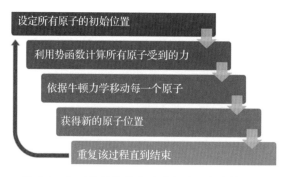

图 2-2 基于势函数的分子动力学基本计算流程

除了经验势函数外，通过第一性原理来计算原子受力再进行 MD 模拟的方法统称为 AIMD(ab-initio molecular dynamics)。在 BOMD 方法中，考虑到电子运动速度远大于原子核速度，可近似认为电子运动和原子核运动能分开处理。在任何时刻，假定原子核不动，可通过第一性原理计算得出原子受力，然后再根据牛顿力学移动原子位置，并在此位置上再根据第一性原理重新计算出原子受力。如此反复迭代循环，实现热力学条件下的分子动力学模拟。BOMD 方法由于每一步要进行第一性原理计算，耗时长，可模拟的时间尺度一般在皮秒范围内。CPMD 方法对此做了改进，同时对电子轨道和原子核位置建立了随时间演化的运动方程，因此可避免每一步进行第一性原理计算，可加速分子动力学模拟。

一般来说，基于经验势函数和力场方法的 MD 方法模拟速度快，可模拟至纳秒时间尺度，常见软件有 LAMMPS 等。其中，利用人工智能训练准确势函数是目前一个热门研究领域，可应用至复杂材料体系。AIMD 方法则相对较准确，但计算速度相对较慢，时间尺度一般在皮秒范围内，常见软件有 VASP、CPMD 等。其中，LAMMPS 是使用最广泛的经典 MD 模拟方法之一，属于开源软件，可快速模拟固体、生物分子、聚合物及介观体系等，详细使用方法可参考其使用手册[2]。

(3)热力学及相图计算

建立在经典热力学理论基础之上的相图热力学计算，其实质是根据目标体系中各相的晶体结构、磁性有序和化学有序转变等信息,建立起各相的热力学模型以构筑各相的吉布斯自由能表达式,最终实现多元多相真实材料体系的相图计算。相图是材料科学基础理论的重要组成部分,堪称材料研究的航海图、材料设计的指导书,其重要性已被材料、冶金、化工、地质等工作者广泛认同[3]。相图常以温度、压力和成分为变量,直观给出目标体系的相平衡关系与状态。相图与热力学紧密关联,由相图可以提取出热力学数据,反过来,依据热力学原理和数据也可以构建相图。早在 1908 年,van Laar[4] 就尝试利用热力学溶体模型计算一些基本类型的二元相图,不过那个时期的相图计算还是手工进行的。

20 世纪 70 年代以来,随着热力学、统计力学、溶液理论和计算机技术的不断发展,相图研究从以平衡的实验测定为主,进入到了计算相图的新阶段,即相图热力学计算(CALPHAD)方法。CALPHAD 是一门介于热化学、相平衡、溶液理论与计算技术之间的交叉学科,其实质是相图、热力学和原子性质(如磁性)的计算机耦合[3,5]。该方法由热力学模型、数据和计算技术三大要素构成,通过构建热力学模型和相应数据库,实现多元系相图预测,进而辅助材料设计。CALPHAD 方法的三个要素和其在材料设计中的作用见图 2-3。

经过数十年的发展,CALPHAD 方法在材料科学研究和工程应用上受到越来越多的关注。CALPHAD 方法框架内构建的具有实用价值的多元体系计算相图和该方法在热物理性质(如体积、热膨胀系数、表面张力和黏度等)预测中的应用,推动 CALPHAD 基础数据库和相关计算软件的不断发展与完善,使 CALPHAD 方法成为材料设计、冶金和化工等过程模拟的重要工具,使相平衡研究真正成为材料设计的一部分。2008 年,美国国家科学研究委员会在关于增强未来国家竞争和国防安全的报告中指出,在实现集成计算材料工程(ICME)的过程中,CALPHAD 软件无疑是最重要的,也可能是唯一的通用工具[6]。

CALPHAD 方法是在严格的热力学原理框架下,通过建立热力学模型来描述材料体系中各组成相(包括气相、液相、固溶体相以及化合物等)的热力学性质,利用实验、第一性原理计算、统计学方法及经验或半经验公式等获得的相关热力学和相图数据来优化拟合模型参数,从而构建适用于多元多相真实材料并达到工程精度的热力学数据库,该方法的具体计算流程见图 2-3。CALPHAD 方法强调运用得到的数据库进行热力学计算,进而将其应用于实际过程的相平衡计算以及快速相变的模拟(如凝固过程和高温扩散相变)等。

实际上,CALPHAD 方法并不局限于建立热力学数据库,其更是一种通用的优化评估技术。CALPHAD 方法可以对通过实验、理论计算和经验公式等多种途径得到的数据进行优化拟合,获取自洽的模型参数,进而建立多相多组元数据库。扩散系数/原子移动性参数、体积/密度、黏度、体弹模量、热导率等,均可在 CALPHAD 方法的框架内建立数据库。这些数据库与热力学数据库一道,共同组成集成式的材料设计基础数据库,可实现多元系稳定及亚稳相图计算、热力学性质计算、扩散动力学模拟、热物理性能预测等。

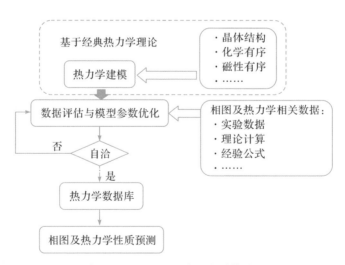

图 2-3　CALPHAD 方法的计算流程

（4）相场模拟

相场模拟方法是以热力学为基础的材料计算方法,用于模拟材料的相变和微观组织演变过程[7-9]。在计算材料学发展的早期,为了模拟合金微观结构(如形貌、晶粒尺寸、相组成和分布等),很多研究者开展了基于理论或唯象的模拟。这些模拟方法有些过于简单,无法合理地描述微观结构演化背后的物理过程,有些则需要大量复杂的数学运算并附带很多假设,因而都无法得到广泛的应用。近年来,很多先进的数值模拟技术,如顶点模型、蒙特卡洛模型、相场模型以及元胞自动机模型得以迅速发展,可用来模拟介观尺度的微观结构演化过程。这些模拟方法可以直接观察微观结构的演化过程,不局限于评估微观结构的某些平均参数。

作为材料微结构模拟方法,相场模拟方法需要借助不同尺度的材料信息(热力学/动力学数据、结构数据等)建立模型。作为介观尺度的模拟手段,相场模拟方法能在不同尺度信息的共享过程中承担桥梁的作用。自20世纪90年代以来,相场模拟方法已经成为模拟各种介观尺度材料结构的有效工具[10]。如相场在模拟三维位错动力学(如镍基超合金中全位错的分解)、临界晶胚及激活能的预测、镍基超合金的扩散过程、马氏体相变孪晶的生成以及钛合金晶粒长大过程的模拟中均有大量的应用。

工艺—微结构—性能的内在关联是材料科学研究的核心。绝大多数的结构/功能材料中包含了空间分布的、具有不同成分和晶体结构的相,不同空间取向的晶粒、位错、空位、界面、裂纹以及各种电或磁极化的畴域。无论是成分或结构的不均匀,还是空间分布的缺陷等,都可以用一系列基于时间、空间的场量或序参量来描述。序参量可以分为守恒序参量和非守恒序参量。典型的守恒序参量包括原子密度以及在多组元和多相系统中的某种化学组分;非守恒序参量包括化学有序化的长程序参量、对于铁电和铁磁体的磁化和极化量及位错、马氏体和微裂纹的非弹性应变等。相场模型就是用于研究这些序参量实时演化而建立的模型。

研究材料结构中的晶界问题是相场模拟最常用的场合之一。典型的材料晶界结构见图2-4。任意两个晶粒接触边界都具有突变界面的特点,并可能出现相互扩散的现象。在一个非常典型的非均匀系统中,处理非均匀系统中热力学界面处的化学和结构不均匀性(由多组序参量描述)通常有突变界面模型和扩散界面模型两种方法。Gibbs[11,12]提出的突变界面模型假设,分界面两侧内的微结构具有均匀性质,材料的性质在分界面处发生锐变/突变。通过这些模型,可将含界面系统的演化完整地置于热力学框架之内,不需要将体系分成独立的单个区域进行研究。但是,尖锐界面的数值实现有难度,它需要在界面处做假设,并求解带移动边界的扩散方程,且仅适用于低维简单形貌情况下的分析。随着对材料研究的深入,研究人员发现尖锐模型存在着人为隔断,会使界面附近的模拟结果缺乏物理依据,使其不适用于研究界面处微观结构的演变。

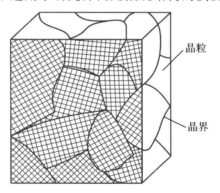

图 2-4　典型的材料晶界结构

(5)有限单元法

有限单元法(FEM),通常简称为有限元法,是一种将连续体离散为若干个有限大小的单元体集合,以求解连续体力学问题的数值方法。该方法为一种强有力的数值计算方法,是计算力学在过去 50 多年中的最大进展。它的出现和发展与 20 世纪的伟大发明——计算机密切相关。目前,有限元法的应用领域已遍及各类物理场的分析(如温度场、电场、磁场、渗流场、声波场等),范围从力学线性分析到非线性分析(如材料行为非线性、几何导致的非线性、接触行为引起的非线性等),从单一场分析到若干个场的耦合分析。有限元法和有限元软件已经成为许多高新科学和技术研究的基本工具,尤其在土木、水利、机械、航空、航天、造船等工程技术领域的具体实践中,它已经转化为直接推动科技进步和社会发展的生产力,产生巨大的经济和社会效益。

有限元法程序在组成上可分为前处理程序、有限元分析程序、后处理程序三个主要部分。其中,有限元分析程序为程序的核心,它根据离散数值模型的数据文件进行有限元计算。有限元分析的原理以及采用的数值方法亦集中于此,它是有限元分析准确可靠的关键。前处理程序根据使用者提供的对计算模型的简单描述,自动或半自动生成离散模型的数值文件,并以网格图的形式输出,供用户查看与修改。后处理程序以图形的形式直观表达有限元计算结果,便于用户对分析对象情况的掌握。目前,对于较好的用于实际问题分析的有限元程序来说,前后处理的程序量常常超出有限元分析程序,前后处理功能越强,工程技术人员对程序的使用就越方便。

有限元法在各层次材料构件大尺度模拟、材料制备工艺及先进制造等诸多领域中都具有重要作用。基于材料应用场景的千变万化性,科学家们结合不同材料的实际应用,发展了众多的有限元设计的仿真方法和软件。常见的仿真方法和软件有 MedeA、DIGIMAT、DYNAFORM、NASGRO、SYSPLY、GENOA、HyperSizer、ABAQUS、LS-DYNA 等[13]。

2.1.2　跨尺度计算材料方法

跨尺度/多尺度材料计算是近年来计算材料的重要发展方向之一。材料行为往往表现出强烈的尺度效应和多场耦合效应,对其行为的表征属于跨尺度问题,需要以多尺度和跨尺度的理论和方法作为支撑,建立其行为和耦合性能的模拟方法和精细测试技术。在原子尺度,常规的适用于宏观材料的连续介质理论遇到困难,这使以量子力学为基础的第一性原理计算变得更为重要。密度泛函理论的发展,为从电子、原子尺度计算晶体材料的基本性能和半导体电子结构提供了坚实的基础。第一性原理计算对有周期性规则的晶体材料基本性能的计算已经发展得比较成熟,但对微纳米结构、低维材料体系等有限体系和位错、晶界等非周期结构或无序结构的计算能力还有待提高。随着计算机技术和计算方法的快速发展，基于量子力学理论进行材料性能分析、设计和预测变得越来越重要，其与紧束缚原理、分子动力学方法、连续介质力学理论结合，是解决多尺度和多场耦合问题的途径。现代科技使用的材料体系和服役环境越来越复杂。从信息功能材料、能源材料、生物与仿生材料到高温结构材料，材料化学组分的选择、微纳观结构的调控等都决定着材料的性质。因此，多尺度和跨尺度理论与方法对于计算模拟从原子尺度到宏观连续介质的跨尺度问题具有重要意义。

　　基于第一性原理计算、分子动力学方法等，多尺度和跨尺度材料模拟理论和方法被不断提出。采用连续介质假设，可以用微积分理论描述物质的行为，在实验或更低层次计算（如分子动力学方法和第一性原理计算）获得材料的本构关系和关键参数后，可以解析求解典型材料结构的变形和强度。通过变分原理把控制微分方程线性化，实现高效的计算机数值求解，发展有限元、边界元、无网格法、物质点法等大规模计算方法和商业软件，如 ANSYS、ABAQUS 和 COMSOL 等。但材料的强度和韧度取决于组成材料的原子种类、微纳观结构和缺陷的控制与分布，这已经到达连续介质概念的极限，处于连续介质描述与原子和结构分布的离散描述的交界点，量子力学所描述的电子行为恰似原子的黏合剂。有许多自然过程，其内在本质就是跨尺度的，一个典型例子是电池充放电时，固体电极和液体电解质界面处的行为，包括电子的重新分布、离子在电场中的运动、固体电极在电荷和充放电作用下的弹塑性变形、电解质溶液中束缚电荷在宏观上的统计分布的变化等。因此，建立将第一性原理计算、分子动力学和连续介质理论结合的多尺度和跨尺度方法成为研究的关注点。

　　现有的多尺度和跨尺度方法可以大致分为顺序跨尺度方法（sequentail multiscale method）和并行跨尺度方法（concurrent multiscale method）两类。在顺序跨尺度方法中，各尺度的计算是独立的，耗时的低层次的计算为高层次的粗化计算提供必要的输入参数。如利用第一性原理计算的结果，拟合出分子动力学计算所需要的力场参数，通过对分子动力学计算的结果进行统计力学分析，得到宏观力学模型所需要的力学模量和扩散系数等参数。在并行跨尺度方法中,各尺度的计算是同时进行的,不同尺度计算的对象交界处通过各种精心设计的理论模型进行耦合。相比较于顺序跨尺度方法,并行跨尺度方法更具有挑战性,目前不同的研究组已经各自发展了若干模型用于并行跨尺度计算,但是各方法在普适性和误差范围等方面还有待进一步提高。

2.1.3 集成计算材料工程

集成计算的概念和方法可以追溯到20世纪90年代。美国将结构、流动和传热分析计算软件集成应用于发动机和零部件的设计制造,实现了多学科优化,减少了发动机和相关部件的大量测试,使发动机的研发周期从6年缩短到2年。2008年,美国国家研究理事会在出版的一份报告中提出要建立一门新学科——集成计算材料工程,目的是将材料计算工具与其他工程领域中计算与分析工具获得的信息相集成,使材料预测进入产品设计流程,大大缩短材料的研发周期[14]。

集成计算材料工程的具体含义:将计算手段所获得的材料信息与产品性能分析和制造工艺模拟相结合,旨在把计算材料科学的工具集成为一个整体系统以加速材料的开发和改造工程设计的优化过程,并把设计和制造统一起来,从而在实际制备之前就实现材料成分、制造过程和构件的计算最优化,有效提高先进材料的开发、制造和投入使用的速度[14]。集成计算材料工程主要由多尺度模拟、实验表征和材料数据库三大要素组成。其中,材料的多尺度模拟是将从原子尺度到微观尺度、介观尺度、宏观尺度的模型和方法集成起来,主要方法有第一性原理计算、分子动力学方法、蒙特卡洛等原子尺度模拟方法、相图热力学计算方法、相场模拟方法、元胞自动机方法、有限元法等。实验表征包括显微结构表征和力学测定等。数据库包括相图热力学数据库、热物性数据库(如黏度、热导率和体积等)以及性能数据库(如强度和断裂韧度等)等[15]。

以铝合金研发为例,具体的集成计算材料工程框架(包含用户需要、设计制备和工业生产3个层面)见图2-5。它将微观($10^{-10} \sim 10^{-8}$ m)、细观($10^{-8} \sim 10^{-4}$ m)、介观($10^{-4} \sim 10^{-2}$ m)和宏观($10^{-2} \sim 10$ m)等多尺度的计算模拟和关键实验集成到铝合金设计开发的全过程,通过成分—工艺—结构—性能的集成化,把铝合金的研发由传统经验式提升到以组织演化及其与性能相关性为基础的科学设计上,从而大大加快其研发速度,降低研发成本[15]。

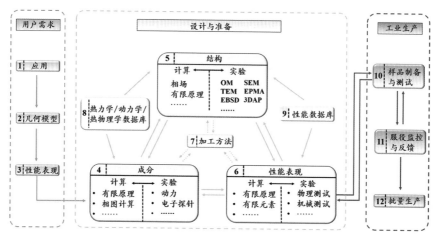

图 2-5　铝合金研发的集成计算材料工程框架

2.1.4　高通量计算材料方法

材料的高通量计算筛选是指结合高通量理念和理论计算方法进行快速筛选目标材料的一种科学研究方法。高通量计算的关键在于如何实现计算任务批量化和自动化、目标材料的筛选及计算方法准确度与速度的平衡。批量化和自动化涉及如何对大批量的任务进行自动多步骤衔接、自动纠错及自动参数设置等,需要计算机技术和材料专业知识。如给定一个材料的晶体结构,如何自动判断和设置能带计算的高对称点。计算大量数据后如何筛选材料是高通量计算的关键,筛选条件可以是关键物理参数或模型,有时亦称为描述符。筛选条件的提出是关键,其准确度直接影响筛选结果,筛选条件可通过领域知识或机器学习找出。此外,计算方法的准确度也是高通量计算的重要因素,需要考虑计算准确度和速度的平衡。如常用的 DFT 计算精度依赖于泛函的选择,高精度的泛函虽然准确,但速度慢;低精度的泛函计算速度快,但准确度低。在策略上,可先用一般精度的泛函进行大规模快速粗筛,选出一批材料,然后再用高精度泛函进一步细筛,缩小样本范围,供后续实验验证。

知名高通量计算平台有美国的 Materials Project 和 AFLOW,德国的 NOMAD,以及国内中国科学院计算机网络信息中心的 MatCloud,吉林大学的 JAMIP,北京航空航天大学的 ALKEMIE 等。高通量计算可针对实验数据库已有材料计算各种物理化学性质,也可对未知材料进行计算搜索。

高通量计算平台 MatCloud 见图 2-6[16],研究者可利用该平台,一次性设置一批待计算晶体结构,选择合适的计算软件、计算参数以及待计算目标材料的性质,然后执行大规模自动化计算,最终根据用户需求筛选出合适的材料。

(a) MatCloud 高通量计算平台主界面

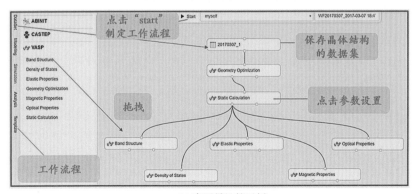

(b) 高通量计算示例

图 2-6 MatCloud 高通量计算平台

2.2 数据驱动研究方法

面对材料开发传统模式存在的低效、高成本等问题,数据驱动的材料研究方法应运而生。该研究方法对大量的数据进行组织形成信息,并对相关的信息进行整合和提炼,再经过训练和拟合形成所需的决策模型,从而加快新材料研发和性能优化进程。在此过程中,大量数据的生成、管理、利用至关重要。材料数据库的产生及人工智能在材料信息学中的运用有效解决了上述问题,成为推动数据驱动研究方法的关键所在。

2.2.1 材料数据库及其利用

数据是信息的载体,知识产生的重要源泉,被形容为 21 世纪的原材料。历史上的科学发现,往往从数据的观察和累积开始,然后通过数据分析建立具有预测能力的函数依赖关系,最终形成基于少数简单原理即可解释这些模型的理论。经典的例子有开普勒定律和元素周期表的发现。从数据里挖掘出来的知识最终会回馈社会和工业应用。针对材料科学与工程,材料数据的有效管理对推进和加速材料科学与工程进展具有重要意义。材料数据既可来自于实验,也可来自于理论和计算模拟。近些年,随着实验手段和理论计算软、硬件的快速发展,特别是 2011 年提出的材料基因组计划所提出的高通量实验及高通量计算工具,数据产生的速度前所未有,材料数据规模呈指数增长的趋势。材料大数据既是机遇也是挑战,材料科学正在进入一个新的发展时代。一方面,大量的数据可以让我们从中得到的理论模型更加准确可靠,并有机会去发现小数据所没有的趋势和图像,加速关键新材料的发现;另一方面,大数据特征给传统的数据管理及利用方法带来了挑战。

20 世纪 60 年代开始至今,世界范围内已经建立了很多材料数据库。20 世纪 70 年代的 CALPHAD 被认为是最早开始材料信息学方法的案例之一。研究者先基于数据库实验或计算数据构建热力学模型,然后拟合模型参数用于未知预测,最终加速新材料的研发。随着数据量的增加及数据收集、存储和分析能力方面的提升,更多的数据库逐渐被建立起来,如 Pauling File 和 ICSD 等。进入 21 世纪后,材料理论计算硬件和软件的发展极大地加速了材料数据的产生。DFT 的发展使人们可以通过第一性原理计算的方式来数值模拟很多重要的材料性质。新的研发理念及大规模计算数据的产生导致众多计算数据库的建立,如美国的 AFLOW、MP,丹麦的 CMR 等。随着大数据及数据科学的重要性和影响力愈发扩大,美国于 2011 年宣布了材料基因组计划。该计划受到世界各国的广泛认可,并激发了国际上更多数据库的建立,以期通过材料信息学的方法,更快更省地促进新材料的发现和应用。如欧洲于 2015 年成立 NOMAD 开放获取数据库,接收全球范围各地用户数据的上传,并保证至少完整保存 10 年,支持超过 40 种主流计算软件的输入、输出数据文件,至今已包含超过 1 亿个计算结果,成为目前数据量最大的计算数据库。目前世界范围内的主要材料数据库如表 2-1 所示。

表 2-1 世界范围内主要材料数据库(数据库容量数据截至 2020 年 10 月)

名称	开放获取	计算/实验	概况
AFLOW	是	计算	包含超过 3275454 种材料化合物及 566132628 条材料性质计算数据;提供在线机器学习材料预测等功能
Computational Materials Repository (CMR)	是	计算	包含多个项目产生的计算数据集;基于 Atomic Simulation Environment (ASE)和 Python 来分析和处理数据
Crystallography Open Database (COD)	是	实验	包含有机、无机、金属-有机化合物、矿物质晶体结构的开放获取数据;包含 463646 条数据
HTEM	是	实验	包含 57597 种薄膜样品(氧化物、氮化物、硫化物、金属间化合物)的结构、光学、电学等材料性质数据

名称	开放获取	计算/实验	概况
Khazana	是	计算及实验	包含原子尺度模拟的结构和性质数据,以及数据挖掘材料设计工具
MARVEL NCCR	是	计算	数据驱动高通量量子模拟平台;数据存储于由 Aii-DA-基础设施驱动的 materialscloud.org
Materials Data Facility (MDF)	是	实验及计算	计算和实验数据发布、检索及访问平台
Materials Project	是	计算	材料探索在线平台,包含 131613 种无机化合物,49705 种分子,530243 种纳米孔材料;开发各种高通量计算和机器学习开源软件
MatNavi/NIMS	是	实验及计算	集成 20 多种数据库的材料数据平台,如聚合物数据库、无机材料数据库、计算相图数据库、计算电子结构数据库、超导材料数据库、结构材料数据库等
NOMAD CoE	是	计算	为所有重要材料计算软件输入输出文件提供上传、下载及存储服务;提供材料检索功能;开发人工智能工具;至今已包含超过 1 亿条计算结果
Organic Materials Database	是	计算	三维有机晶体电子结构数据库,包含约 24000 种材料
Open Quantum Materials Database	是	计算	包含无机晶体结构热力学和结构性质等 815654 条 DFT 计算数据;支持下载整个数据库
Open Materials Database	是	计算	主要基于 Crystallography Open Database 内材料结构的计算数据库,通过 High-Throughput Toolkit (httk)产生和分析数据
SUNCAT	是	计算	原子尺度催化材料设计材料信息学中心;在线工具及超过 10 万个表面反应和能垒计算结果,数据存储于 catalysis-hub.org
Materials Platform for Data	否	实验	PAULING FILE 数据库的在线版本,主要包含经过人工校验过的无机材料实验数据
Springer Materials	否	实验	包含经人工校验过的各种材料晶体结构、性质及应用数据,以实验数据为主

名称	开放获取	计算/实验	概况
ICSD	否	实验及计算	包含了总共大于 210000 条晶体结构数据
上海材料基因工程数据平台(上海大学)	是	实验及计算	集成复合材料、无机非金属材料、金属材料等超过 50 个实验数据库,以及材料计算、机器学习、图像识别等多功能的数据平台
材料基因工程专用数据库	是	实验及计算	集成材料数据库、材料数据挖掘系统、材料设计工具高通量计算和实验工具等多功能的数据平台

2.2.2 人工智能与材料信息学

高通量实验和高通量计算在提高材料研发效率的同时也加速了材料数据量的产生,逐渐形成材料大数据以及各种新型数据平台。这些数据本身可能蕴藏着丰富的材料信息,而如何把这些材料信息转化为人类可理解的知识,则催生了材料信息学以新的研究范式(数据驱动材料科学)发展。当数据量很大时,传统依赖于人工的数据分析方法已难以适应,必须借助先进的人工智能方法。人工智能是一个很大的概念,包括很多方法,机器学习是最具代表性的一类。人工智能与机器学习的相互关系如图 2-7 所示[17]。

图 2-7 人工智能大家庭

　　机器学习首先需要一定规模的可靠数据集,然后在数据集的基础上自动学习并建立反映数据之间的具有预测能力的模型。机器学习的一个显著优势是,通过建立的具有预测能力的模型在巨大材料组分和构型空间中大范围(远大于高通量实验和高通量计算所能触及的空间),且低成本地搜索最有希望的新材料,然后再结合高通量计算或实验,筛选出少数候选者,促进和加速新材料的研发。机器学习的常用软件平台主要有 scikit-learn[18]和 TensorFlow[19]。其中,scikit-learn 平台包括了绝大部分经典机器学习方法,如神经网络、特征选择、随机森林、决策树、贝叶斯、高斯过程、核岭回归、稀疏回归等算法,用户很容易通过 Python 程序调用其中方法。

　　材料科学除了有一般传统机器学习方法外,还有其自身特点。近些年,人们开发了一系列针对材料领域的机器学习方法,如涵盖势函数构造、符号回归、晶体结构预测等。具体方法及功能简介见表 2-2。这些方法可以更好地处理材料科学面对的如小数据、噪声数据、多源数据及模型可解释性等数据挑战。

表 2-2　材料领域近期机器学习方法和软件

发表年份	方法名称	功能简介及软件网址
2016	ænet	基于人工神经网络的势函数构造和应用; http://ann. atomistic. net
2016	COMBO	基于贝叶斯优化开源软件; https://github. com/tsudalab/combo
2017	SISSO	基于符合回归和压缩感知的机器学习方法,用于数据驱动发现近似的可解释方程; https://github. com/rouyang2017/SISSO
2017	TensorMol	基于机器学习,应用于化学; https://github. com/jparkhill/TensorMol
2017	PROPhet	结合神经网络机器学习和第一性原理量化计算; https://biklooost. github. io/PROPhet
2018	MatMiner	材料数据挖掘开源软件,包含机器学习数据搜集、特征提取等工具; https://hackingmaterials. github. io/matminer

续表

发表年份	方法名称	功能简介及软件网址
2018	JARVIS-ML	基于经验力场描述符的机器学习模型预测材料性质； https://jarvis.nist.gov/jarvisml
2018	CGCNN	基于晶体图卷积神经网络根据晶体结构预测材料性质； https://github.com/txie-93/cgcnn
2019	SchNetPack	基于深度神经网络预测材料和分子势能面及量子化学性质； https://github.com/atomistic-machine-learning/schnetpack
2019	DeePMD-kit	基于深度学习应用于势函数构造及分子动力学应用； https://github.com/deepmodeling/deepmd-kit

参考文献

[1]VASP 官网[EB/OL].http://www.vasp.at.

[2]LAMMPS 官网[EB/OL].https://www.lammps.org.

[3]徐祖耀.材料热力学[M].北京：高等教育出版社,2009.

[4]郝士明,蒋敏,李洪晓.材料热力学[M].北京：化学工业出版社,2010.

[5]Sundman B,Lukas H L,Fries S G. Computational Thermodynamics：The Calphad Method[M]. New York：Cambridge university press,2007.

[6]鲁晓刚,王卓,金展鹏.计算热力学、计算动力学与材料设计[J].科学通报,2013,58(35):3656-3664.

[7]Chen L Q. Phase-field models for microstructure evolution[J]. Annual Review of Materials Research,2002,32(1):113-140.

[8]Wang Y,Khachaturyan A G. Three-dimensional field model and computer modeling of martensitic transformations[J]. Acta Materialia,1997,45(2):759-773.

[9]Wang Y,Li J. Phase field modeling of defects and deformation[J]. Acta Materialia,2010,58(4):1212-1235.

[10]汪洪,项晓东,张澜庭.数据驱动的材料创新基础设施[J].Engineering,2020,(6):56-61.

[11]Moelans N,Blanpain B,Wollants P. An introduction to phase-field modeling of microstructure evolution[J].Calphad,2008,32(2):268-294.

[12]Lupis C. Chemical Thermodynamics of Materials[M]. North Holland：Elsevier Science Publishing Co,1983.

[13]MedeA Software-Materials Design Inc[EB/OL]. http://www. materialsdesign. com/medea-software.

[14]李波,杜勇,邱联昌,等. 浅谈集成计算材料工程和材料基因工程:思想及实践[J]. 中国材料进展,2018,37(7):506-525.

[15]杜勇,李凯,赵丕植,等. 研发铝合金的集成计算材料工程[J]. 航空材料学报,2017,37(1):1-17.

[16]Yang X, Wang Z, Zhao X, et al. MatCloud: A high-throughput computational infrastructure for integrated management of materials simulation, data and resources[J]. Computational Materials Science,2018,146:319-333.

[17]Schleder G R, Padilha A C, Acosta C M, et al. From DFT to machine learning: Recent approaches to materials science-a review[J]. Journal of Physics: Materials,2019,2(3):032001.

[18]Scikit-Learn[EB/OL]. https://scikit-learn. org/stable/index. html.

[19]TensorFlow[EB/OL]. https://www. tensorflow. google. cn.

3　趋势篇

计算材料学为材料研发提供了强有力的理性设计手段,但其在物理原理基本假设和计算效率中存在局限性与限制性,故其可预测的材料性质、预测精度和可描述的材料空间、时间尺度均受到限制,导致计算和实验在很多方面仍存在巨大差异。近年来,数据驱动方面的人工智能兴起,极大提升了计算材料学的预测效率和能力。计算材料学为人工智能提供了数据来源和基础,材料数据促进了人工智能在材料预测算法和模型的发展。计算材料学和人工智能的深度交叉与融合催生了新兴的智能计算材料学。本篇简要介绍智能计算材料学的内涵、意义和主要研究内容。

3.1　计算材料学的挑战

计算材料学立足于材料设计理念,逐步淘汰了传统"炒菜"模式的新材料研发方式,充实了传统实验方法和理论,尤其是人工智能的快速发展,为材料数据的高通量产生、分析和预测提供了强大的工具支撑。但传统计算材料学和人工智能在如今的计算材料中仍面临着诸多问题,如预测精度不足、尺度限制、理论缺乏、多源异构、数据体量限制等,下面将予以详细论述。

3.1.1　传统计算材料学的挑战

计算材料学基于物理原理和定律解决材料科学问题的数值求解。不同物理原理发展成的计算材料方法不同,描述的对象和应用的空间/时间尺度与场景也不同。由于传统计算材料学中存在物理原理假设和空间/时间尺度等限制,其可预测性质的类型和精度均受到很大影响,面临的挑战简要列举如下。

(1)针对量子力学中薛定谔方程的数值求解,发展了基于波函数或电子密度能量泛函的第一性原理计算。量子力学计算方法需要通过自洽场数值求解薛定谔方程,从而描述电子结构(如电荷密度、能带和态密度)及在此基础上衍生的各种物理、化学性质。由于材料体系的电子波函数或电子密度的自由度巨大,数值求解非常缓慢,在常用计算资源下,量子力学计算方法通常仅可处理数十到数百原子的体系和数十皮秒到数百皮秒的动力学过程。可预测的材料性质除了基本电子结构信息外,主要限于基本的晶体结构、结合能、密度、弹性力学性质、热学/电学传输性质、光学性质和磁学性质等。很多对材料显微组织敏感依赖的材料性质(如材料蠕变等力学性质),很难用量子力学计算方法直接计算预测。除了受物理原理的基本近似假设限制外,对复杂材料体系的简化描述也会影响量子力学计算方法的预测精度。

(2)基于经典力学框架的分子动力学方法主要是数值求解多体原子体系的牛顿力学运动方程。分子动力学模拟通常描述数千到数十万个原子在数百到数千皮秒间的动力学过程。预测精度主要受描述原子间相互作用的势函数或力场的精度与适用性影响,其他影响因素包括空间/时间尺度的限制,统计分析数据的大小等。

(3)基于材料热力学和动力学原理的相图热力学计算方法主要是数值求解热力学和动力学方程。常用的相图热力学计算方法可以预测材料的相、凝固区间、体积分数等。其预测精度主要受限于参数的准确性,常需要从实验或第一性原理计算获得。

（4）基于连续介质力学和本构方程的有限元法主要求解离散网格划分的连续介质对象，可以描述材料宏观尺度上的应力应变场、温度场等。其预测精度受材料基本物性参数和网格划分精度等限制。

综上所述，物理原理假设和计算效率的限制使可计算预测的材料性质的精度受到了影响。更为严峻的挑战是，很多材料实验的可观测量还无法通过数值计算直接求解预测，很多材料的成分—工艺—结构—性质关系也不能通过严格的物理规律描述，甚至完全未知。

3.1.2 人工智能在计算材料学中应用的挑战

近年来，人工智能在图像/语音识别、无人驾驶、金融、医疗等领域得到成功应用，尤其是以多层卷积神经元网络算法为代表的深度学习方法，为大数据分析提供了强有力的机器学习工具。但是人工智能在计算材料学中的应用仍存在如下挑战。

（1）材料数据的特点对基于数据驱动的人工智能方法构成挑战。根据数据来源和性质，材料数据具有多源异构特点，材料数据既有小数据问题，也有大数据问题。

多源异构问题：学术文献中的材料数据来源通常比较分散，材料体系不同，制备和加工方法不同，检测设备和条件存在差异。同类数据的精度会不一致，甚至有不兼容、不可比的问题。材料结构和性能数据种类繁多，数据结构从数值、文本到显微组织图像等形式迥异。

小数据问题：由于产生材料结构和性能有效关联的数据成本昂贵，公开发表的实验数据量少，也有出于保密原因，人为地部分隐藏甚至篡改。数据量少和数据不完整导致很多反映材料构效关系的实验数据稀缺，成为小数据样本。

大数据问题：材料的高通量计算会产生大量的计算数据，通常难以手动完成分析。很多常规材料实验的光谱数据和大科学装置等产生的高通量实验数据量巨大。对大批量数据进行清洗、分类和存储等预处理变得非常有挑战性。

材料计算和实验数据存在不可避免的系统误差和人为误差。计算和实验误差造成的数据污染会干扰建模精度和数据分析理解。

(2)材料的构效关系对人工智能的模型解释提出了挑战。人工智能虽然能用于构建多种因素间的复杂非线性关系,但是很难确定多种因素之间的因果关系,构建的关联模型大多是不可解释的"黑盒子"模型。利用人工智能研究材料科学问题,不仅需要根据已知数据构建高精度的材料性能机器学习预测模型,还要利用机器学习模型预测其他未知材料体系的性能,并提取影响材料性能的关键因素,再转化成新的材料构效关系和对机理的更深刻的认知规律。如何将"黑盒子"转换成"灰盒子"和"白盒子"模型,对机器学习模型进行分析解释和知识规律的提取对材料科学研究尤其重要。

总之,人工智能需要对材料数据的特点有充分的了解和分析,并能针对性地选取合适的算法和工具。机器学习模型构建不仅需要对材料构效关系准确描述,还要实现新材料体系的预测和机理解释功能。材料数据数量与质量的限制,材料科学的知识提取等,对人工智能在材料科学中的应用提出了更高要求和严峻挑战。

3.2　计算材料学的发展趋势——智能计算材料学

如前所述,传统计算材料学在计算能力、精度和效率上仍然存在很大限制,人工智能在计算材料科学应用中也面临诸多挑战。为了应对这些挑战,计算材料学未来的发展趋势之一是将传统计算材料学与数据驱动人工智能深度融合,发展成为新的智能计算材料学研究方向。

3.2.1　智能计算材料学的内涵

智能计算材料学是将计算驱动和数据驱动的研发范式相结合的研发新模式。计算驱动研发模式是自下而上的基于物理原理的推理过程,数据驱动的研发模式是自上而下的基于数据统计分析的归纳过程。智能计算材料学将计算驱动和数据驱动方法有机结合、取长补短,成为解决材料科学问题更强大的工具。

智能计算材料学包括人工智能辅助的计算材料方法(简称智能计算材料方法)和基于计算材料数据的人工智能预测方法(简称计算材料智能方法)的发展与应用。智能计算材料方法主要利用人工智能扩展传统计算材料学方法的预测能力和效率。智能计算材料方法以计算数据为基础,发展人工智能材料性质预测模型。智能计算材料学是材料、物理、化学、力学、计算机和数学的交叉融合,可用于航空航天、智能制造、国防装备和电子信息领域关键材料的设计和应用,为加速全流程材料研发提供了新的研究方法。

3.2.2　人工智能辅助的计算材料——智能计算材料方法

任意尺度的材料计算都基于方程、方程参数和数值算法。如第一性原理求解的是量子力学中薛定谔方程的近似方程,为了加快计算,把原子核与内层电子结合,使用等效的赝势表示,赝势的解析表达式中需要确定每个原子参数的具体数值,方程的求解使用优化算法或自洽算法。相场一般使用有限差分法求解卡恩-希利亚德(Cahn-Hilliard)方程,对具体的材料体系,需要写出体系的自由能表达式和给出表达式中的参数数值。对应地,人工智能融入计算材料学基于人工智能的方程构建、参数提取和方程求解(图 3-1)。这些算法在各个计算材料尺度方法上是相通的,但又具有各尺度上的特异性。

(1)第一性原理计算结合人工智能的材料研发新模式

数据驱动的机器学习方法近几年被用于搜索加速新型材料。机器学习方法包括数据收集、机器学习、高性能的候选材料预测和验证。机器学习模型在大多数研究中的已知数据集上表现很好,但没有验证其在已知数据之外的可靠性。从材料应用角度讲,机器学习模型的外推预测能力至关重要。

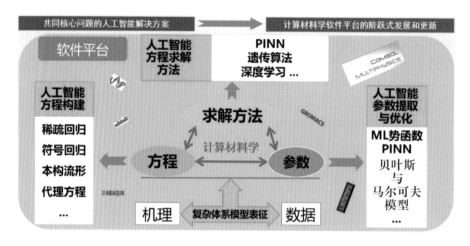

图 3-1　智能计算材料学的发展趋势（人工智能融入的方程
发现与简化、参数提取和方程求解）

　　一种材料的性能突破离不开新材料的开发与应用。一种新材料从制备、合成到性能测试，需要很长的时间，并且成本很高，随着计算机技术及数据挖掘技术的发展，高通量计算及分析对新材料的设计具有重要的意义。第一性原理高通量计算产生的大数据，通过结合人工智能机器学习方法，能够更快速、准确地学习材料的性质与材料基本结构的关系，即构效关系，对加速新材料探索、实现高性能材料优化与设计具有重要的科学意义。

（2）分子动力学数据挖掘势

　　势函数的选取是分子动力学方法的核心问题。对于很多具有广泛应用和研究价值的材料体系，势函数的缺乏严重阻碍了分子动力学方法在该领域的应用前景。为解决该核心问题，近期有大量课题组从不同角度开展了工作。西安交通大学的丁向东课题组[1]使用机器学习方法优化得到了金属 Zr 的 MEAM 势函数，并利用其开展 Zr 的相变机制研究。美国佐治亚理工学院的 Ramprasad 课题组[2,3]使用核岭回归方法开发了金属 Al 的机器学习势函数，并利用其进行 Al 的声子输运研究。机器学习方法虽然已经初步具备了描述任意材料体系的能力，但其计算效率始终难以和经典分子动力学方法匹敌。机器学习方法需要进一步改进以提升计算效率,实现更大规模的分子动力学方法计算目标。Novikov 等[4]开发了 MLIP 软件包,实现了主动学习矩阵张量势(MTP)以加速 DFT 计算,得到了机器学习原子间势,该方法可计算加速材料的弹性常数、熔点等性质以及预测二元体系的最稳态结构。Mishin[5]系统阐述了机器学习势函数的发展现状以及其在材料科学应用的潜力与发展前景,其中,提到的 AMP(atomistic machine-learning package)、N2P2(neural network potential package)等计算软件,都是优秀的机器学习势的测试和开发平台,能够搭建 DFT 计算到 MD 计算的桥梁。

(3)CALPHAD 集成模型与数据库开发

CALPHAD 方法已成为合金设计的重要工具,取得了很大成功。该方法的核心为内部模型和专用数据库,不过当前多组元体系热力学数据库精度有限,且热物理性能数据相对匮乏,限制了该方法应用于更精准的高性能合金设计。构建与完善 CALPHAD 框架内的热力学、扩散动力学、热物理性能模型及数据库成为突破该方法束缚与制约的关键,引起了广泛研究。

当前通行的 CALPHAD 建模方法虽然已经得到了广泛承认,取得了很大成功,但仍然存在以下亟需解决的问题。

负熵、负热容和热力学性质会随压力的变化而产生异常。CALPHAD方法虽然可以拟合宽广温度和压力范围内的大多数实验数据,但在高压范围内,往往会出现负熵、负热容和热力学性质随压力变化而产生异常等现象。这种反常没有物理依据,甚至违反物理定律,预测的可信度无法保障。

参数问题。当采用 CALPHAD 建模方法的基本公式描述熵、焓、热容和化学势等热力学性质,以及体积、热膨胀系数和弹性模量等物理性质时,往往需要各用一套参数来拟合,各套参数之间没有直接联系,拟合过程中也互无约束。如热力学性质和体积数据库是两套独立的参数集合,而材料的各种性质间存在着紧密的内在相互约束关系(如状态方程),在优化、拟合热膨胀系数和弹性模量这类实验数据少,且离散、实验误差较大的热物理性质的过程中,应当充分利用已有的热容、熵和焓等丰富的热力学信息,避免单独拟合随意性较大的问题。

外推中的可靠性问题。传统的 CALPHAD 方法关注的是室温以上的温度范围,CALPHAD 计算的基础数据——晶格稳定性参数没有考虑室温以下的低温范畴[6]。在这种情况下,从室温以上温度向室温以下温度进行数据的多项式外推时,会导致结果错误。这就限制了 CALPHAD 方法的低温应用,如钢中低温马氏体相变研究等。除此之外,当 CALPHAD 计算涉及许多亚稳定或非稳定相时,常用的实验手段很难(或不可能)测量相关的热物理数据。在第一性原理计算绝对零度下物质的能量、体积和弹性模量等数据的基础上,辅以 CALPHAD 方法可以确定室温附近的相关参数。但是要确定温度对这些参数的影响,CALPHAD 需要依靠经验公式估算或数学外推,目前,通过第一性原理计算或统计晶格振动能的耗时巨大。

以上这些问题的解决需要建立更有物理意义的 CALPHAD 模型,同时也需要更多新的实验数据,人工智能为这两点提供了可能的解决方案。

(4)基于相场方法的模块化物理模型的集成和发展

材料基因工程在高通量计算领域呈现出由单一尺度到多尺度的技术趋势,以及由计算方法为导向到研究问题为导向的应用趋势。针对这两种趋势变化,可建立不同尺度下材料微结构/性能计算的模块化数值模型,在明确材料各尺度数据关联关系的基础上,从不同模块读取所需数据,在端口进行传输,并利用高通量计算方法实现多尺度信息的并行计算。如近年来,结合分子动力学、第一性原理计算,以原子层面的材料参数(如广义层错能面和弹性模量)为输入发展起来的微观相场模型,在预测材料微观缺陷上取得了很多重要的成果。微观相场模型确保了材料个性化特征(原子尺度)在缺陷微结构演化中的作用,同时也有效利用了相场基于能量和动力学的计算框架,突破了其他数值方法在计算尺度上的局限性,可作为桥梁连接更大尺度的计算方法,以此解释并预测宏观性能及主控因素。

在技术层面,将机器学习与相场方法契合来加快相场模型的发展也成为研究热点之一。机器学习的引入推动了相场模型代码的加速和革新。针对相场模型的应用,机器学习在数据挖掘、偏微分方程求解等方面体现出明显的优势[7]。机器学习耦合下的相场模拟可以用作产生高通量综合训练数据的工具[8,9,10],机器学习产生的函数或参数(如自由能、动力学参数等)[9,11,12]也可在计算过程中被直接使用。利用机器学习可以更快地求解相场动力学控制方程。将机器学习产生的自由能面输入相场模型,可以预测析出相的形状和成分等。此外,机器学习还能和一系列相场模型结合,用于模拟断裂行为或预测聚合物基电解质的失效强度等。

(5)基于人工智能技术的方程发现

回归是找到已知数据之间的函数关系,即输入参数数据(特征参数)和输出参数数据(目标参数)之间的关系,传统的最小二乘法就是一种回归算法。在传统的回归方法中,先要给定表达目标参数(函数)与特征参数(自变量)之间关系的具体表达式,然后应用此表达式去拟合实验或计算数据,并确定表达式中未知系数的值。作为一种机器学习技术,符号回归不同于传统的最小二乘法回归的地方是,在进行数据拟合之前,我们并不知道目标参数与特征参数之间关系的具体表达形式。符号回归方法中仅有的假设是,目标参数与特征参数之间关系的表达式可以由各种初等函数通过代数运算组合得到。因此,符号回归方法要从一个大的函数空间中搜寻出满足给定精度要求的目标参数与特征参数间的关系表达式,同时优化表达式中的系数。但函数空间太大会使其在实际操作中变得不可行。所以,一定要利用专业知识和已有的数据来适当地缩小函数搜索空间。

最基本的符号回归方法是遗传程序设计。遗传程序设计是启发式的全局优化技术,是遗传算法的一种。它把遗传算法中的个体表达成二叉树形式,每个二叉树代表一个数学表达式。在进化过程中,二叉树之间允许以一定概率进行重组,每个二叉树还可以按一定概率进行变异,产生新的二叉树(即新的数学表达式)。最终,将公式与数据点之间匹配最好的表达式作为结果,即该表达式是数据点所遵从的公式形式。实际上,符号回归方法高度类似于过去科学家观察研究世界的方法。开普勒、牛顿等先驱者在面对庞杂的实验数据时,不可能准确获知到底可以用什么样的函数才能最有效地描述他们所掌握的客观实验数据。经过不断总结和进一步探索,他们最终找到了合适的方程来描述相对应的客观问题。符号回归方法,就是自动化地寻找规律、发现方程和公式的过程。在实际使用过程中,我们希望计算机可以像一个物理学家一样,采用相对简单的函数形式来描述物理问题。

(6)流形学习和本构流形

流形学习属于无监督学习中的非线性降维技术。假设数据采样于一个均匀分布的高维空间内,那么流形学习就是从高维的采样数据中挖掘出低维的数据结构,并且将其可视化的过程。在这一过程中,数据得到了降维,且数据内包含的客观规律也得以揭示。一般来说,流形学习的计算过程可以分为两步:第一步,计算得到数据集中所有数据点的相对距离和相关度;第二步,根据这些信息将原数据集的拓扑关系降低到设定的维度。在力学领域中,流形学习并不是显式的方程表达形式,在某个高维空间中通过对数据学习得到的低维流形,并用之表示本构关系的方法叫作本构流形。

(7)物理信息神经网络

近年来,随着数据和计算能力的爆炸性增长,机器学习在各学科(如计算机视觉[13]和自然语言处理[14])中产生了变革性的结果。分析和解决复杂的物理系统时,机器学习方法通常可以有效地从数据中提取信息内容。然而,科学数据背后往往存在大量的先验信息,如偏微分方程建模的物理定律,这些信息通常被现代数据驱动的机器学习方法所忽略。

以偏微分方程的形式将物理定律编码到深度神经网络形成的新的一类学习算法——物理信息的神经网络(physics-informed neural network,PINN),具有数据处理高效、物理信息丰富、科学问题计算解决能力强大等显著优势。

由 Raissi 等[15,16]提出的物理信息的神经网络利用了机器学习和潜在先验信息的力量,通过物理和数据解决科学问题,显著减少了训练过程中对数据的需求。在 PINN 发展之前,科学家们采取了各种不同的方法来解决物理问题,建立并研究了各种求解微分方程的传统数值方法,如有限差分法、有限元法和谱方法。最近,科学家们试图构建机器学习方法来解决线性[17]和非线性问题[18,19]。然而,由于这些机器学习方法使用了假设、线性化和局部时间步等方法,故在适用性上很有限。PINN利用深度神经网络,通过自动微分[20]计算偏微分方程来控制系统的响应。近期,Chen 等[21]开发了一种基于物理信息机器学习框架的简化方法,用于参数化偏微分方程的有效降阶建模。Haghighat 等[22]介绍了一类被称为物理信息深度学习的神经网络在固体力学中的反演和代理建模中的应用。Haghighat 等[23]解释了如何将动量平衡和本构关系纳入PINN,并详细探讨了其对线性弹性的应用,还通过一个 vonMises 弹塑性例子,说明了其对非线性问题的扩展情况。Jan 等[6]介绍并比较了物理信息神经网络方法、基于 Feynman-Kac 公式的方法和基于后向随机微分方程解的方法,它们简单且适用于高维问题。Zhang 等[24]提出一种新的方法,赋予了深度神经网络两种不确定性(即参数不确定性和近似不确定性)来源的不确定性量化。Lu 等[25]提出了一种新的深度学习方法——具有硬约束的物理信息神经网络(hPINNs),以此来解决拓扑优化的问题。

3.2.3 基于计算材料数据的人工智能预测——计算材料智能方法

(1)材料数据库建设

材料数据库的 FAIR 数据管理原则

随着数据产生规模和速度的不断增强,传统的数据管理模式已不能满足数据驱动科学研究理念的需求,因此需要发展更有效的数据管理方法。好的数据管理可以为领域同行间的数据共享、整合和再利用创造条件,更有效地进行数据驱动新知识和发现新材料。良好的数据管理不仅需要合适的数据收集、注解和存档,还应对有价值的数据进行长期维护,使数据容易被发现及再利用。然而,"好的数据管理"并没有公认的定义和标准,一般都由具体数据拥有者或数据库各自决定。为了讨论及制订一套大家公认的数据管理标准,2014 年,荷兰召开了名为"Jointly Designing a Data Fairport"的研讨会。该研讨会将众多涉及大规模数据产生和利用的科研人员聚在一起,探讨并最终达成关于如何有效管理数据的共识。会议草拟了一套被称为 FAIR 的数据管理指导原则[26],即人和机器对数据可发现(Findable)、可访问(Accessible)、可互操作(Interoperable)、可再利用(Reusable),并专门成立相关网站。FAIR 指导原则不仅仅针对传统意义上的数据,还牵涉产生该数据的算法、工具及工作流程,使研究过程和结果尽可能透明化、可重复及可再利用。会议期望 FAIR 指导原则能得到广泛遵循,让当前正在被快速产生的大规模材料数据可以更容易地被发现、获取、整合及再利用,最终惠及整个领域。

FAIR 指导原则涉及数据、元数据(描述数据的信息)和数据基础设施三类实体。鉴于数据的数量、复杂度及产生速度,FAIR 指导原则强调尽量避免或减少人为干预,最好是机器可以自动完成整个 FAIR 处理过程。FAIR 的每个要点说明如下。

①Findable,可发现,即数据容易被机器和人找到。

②Accessible,可访问,即数据被找到后用户知道如何访问,包括数据使用权限等。

③Interoperable,可互操作,即不同来源的数据可以被整合到一起来分析、存储和处理。

④Reusable,可再利用,即数据可面向不同目的被反复使用。

数据基础设施的 FAIR 化已经有很多案例。例如,哈佛大学开发的 Dataverse 是一个开源的用于数据库建设的网络应用软件,被应用于全球多所高校和研究机构。其中,Harvard Dataverse 数据库包含超过六万个科研数据集,对所有领域的所有研究者开放。每个数据集公开发表后都被分配到一个永久标识符 DOI,且其对应的元数据、数据文件、版权和版本信息等都可以在其网页上被检索到。即使数据因为某种原因被限制使用或被删除,元数据始终是公开的。此外,Harvard Dataverse 提供机器可访问的界面以便自动搜索和下载数据。再如,UniProt 是一个包含蛋白质序列和注释数据的综合数据资源,每一条数据记录都包含丰富的描述信息(元数据),可以是网页、纯文本或 RDF 数据等不同格式,都可以通过一个唯一的稳定的网址找到。每条记录与其他数据库资源有广泛链接,以便于数据检索和交叉引用。这些数据平台的特点很多都体现了 FAIR 指导原则的规范。值得关注的是,国际上相关材料研发团队正积极推动数据的 FAIR 化。例如,德国马蒂亚斯·舍夫勒(Matthias Scheffler)教授带头成立的包括欧洲 14 个研究机构成员在内的 FAIR 数据基础设施联盟(FAIR-DI),涵盖物理、化学、材料和天文等诸多领域的科学数据。FAIR-DI 的使命是为材料科学与工程等领域的大数据建立全球范围内的 FAIR 基础设施。其中,FAIR-DI 的全球最大的计算数据库 NOMAD 已经是材料计算数据领域的一个 FAIR 案例。FAIR-DI 的目标是为科学原始数据的广泛共享提供强有力的平台支持,更有效地推动科研进展及避免学术不端行为;托管及归一化数据,使不同来源的数据可以相互比较及整合利用;构建合适基础设施,便于大数据被各学术和工业界合作研究中心和实验室获取;规范数据管理,便于人工智能数据分析。

材料数据库案例——计算热力学数据库

材料数据库建设是我国材料研究领域的薄弱环节,其关键在于研究人员大多忽视了材料研究数据的收集和存储,造成了宝贵数据资源的严重浪费。例如,在计算材料领域合金设计的重要工具 CALPHAD 已经取得了很大成功,该方法的核心是内部模型和专用数据库,但当前多组元体系热力学数据库的量和质(指精度)有限,且热物理性能数据库匮乏,限制了该方法应用于更精准的高性能合金设计。因此,如何在 CALPHAD 框架内构建和完善热力学、扩散动力学、热物理性能模块和专用数据库成为材料科学技术与产业服务的重要趋势和导向。主要发展方向包括：围绕一些有明确需求和有特色的关键材料领域，构建专业性特色数据库建设，发展高通量实验与计算的多源海量数据规范化、存储、融合与管理方法；研发高通量实验和计算的海量数据实时采集与存储技术；发展多源异构数据的快速检索和分析技术，构建高质量材料基因专用数据库平台，满足智能计算材料的需求。

再者就是与数据紧密关联的人工智能大数据技术的发展。现有传统的机器学习技术主要是面向具有成百上千个特征的大数据建模任务，不适用于材料数据稀少、维度高且多源异构的情况。因此，迫切需要发展结合专家领域知识的材料信息学人工智能算法和模型，实现对小样本和高维材料数据的准确学习，实现对多源异构材料数据的整合、建模、推理和学习，实现从材料数据到材料知识的自动化构建。基于材料学的人工智能大数据技术的发展，可以助力材料快速筛选和性能优化，加速新材料研发，并在一些关键新材料领域开展应用示范和拓展，以期满足未来新材料研发和高端制造领域产业化对新材料的需求。这项技术研究工作是与智能化材料计算密切关联的重要方向，是发展专业知识和数据信息双驱动的计算材料学发展的变革性趋势，是我国在计算材料软件匮乏这一"卡脖子"问题上实现弯道超车的重大契机。

以 CALPHAD 材料计算数据库为例。在 CALPHAD 框架内的热力学和相图计算，都要以材料数据库体系建设为前提。这种数据库可分为以下两大类：一是材料设计基础数据库，它包括了材料热力学、扩散动力学、热物理性质（如体积/密度、体弹模量、弹性常数、热导率等）和力学性能等，是材料设计必不可少的基础数据，被称为材料设计基础数据库，基本要求是多组元（可包含 20 个以上的合金元素）、多变量（如温度、压力、成分等）、多因素（随晶体内部点缺陷浓度等的变化）。此外，还要求精确拟合并甄别实验数据，模型具有物理背景，可实现外推，具备预测等功能。二是材料信息数据库，它要求利用信息技术，对大规模材料数据进行收集整理,数据包括现有工程材料的加工工艺、材料的常规力学性能(如断裂、抗拉强度、硬度、冲击)和服役性能(如持久强度、记忆、蠕变、疲劳、腐蚀、磨损)等。新一代材料信息数据库将材料性能数据、材料文献库、标准库、图书、专利与行业应用信息库、实验数据追溯系统进行无缝集成,在此基础上完成智能化的跨数据库、跨数据结构间的统一数据挖掘和分析,发现规律和趋势。材料信息数据库是新材料设计开发的出发点,根据材料的服役条件和对性能的要求,用系统、智能的方法在已有材料库中选取一种或几种候选材料,结合实验和理论计算,高效、合理地开发新材料。在新材料设计开发过程中,材料设计基础数据库发挥着越来越重要的作用,它是计算热力学和动力学方法关注的重点,是计算模拟的专用数据库,可以在 CALPHAD 框架内集成从而发挥更大效能。

(2)基于材料专业知识的机器学习特征工程

材料科学的核心问题是寻找材料的构效关系。机器学习方法的输入是材料的特征(或称描述符、属性),对应材料的"构";预测目标值是材料的性质,对应材料的"效"。机器学习模型就是"构"和"效"间的复杂非线性关系,建模的过程就是寻找材料的构效关系。机器学习特征可以理解为材料结构的数字化编码表征。虽然机器学习本身很难确定材料的因果关系,但是材料的"构"决定"效"是材料科学的基本认知,借助专业知识比较容易阐明机器学习模型的因果关系。

除了数据自身的数量和质量,机器学习特征决定了机器学习预测精度的上限,而机器学习的算法决定了接近预测精度上限的程度。因此,材料的特征工程变得至关重要。机器学习特征的构建需要恰当反映材料的成分和结构特点。在理想情况下,机器学习特征需要与材料结构一一对应,防止所谓的"兼并",即同样的材料特征对应不同的材料性质,从而导致机器学习预测的不确定性。传统机器学习的特征构建开始是基于材料分子式的化学成分信息,后来发展成基于成分配比线性组合的基础物理化学特征。近年来,出现了同时将成分和结构信息引入机器学习特征的方法,这类成分-结构机器学习特征包含了更全面、更准确的材料信息,提高了预测准确度。针对具体材料和预测的性质,如何设计合适的机器学习特征值得研究。另外,机器学习还可用于材料计算过程中的数据取样策略的确定等。

材料图像学习是另外一种相对特殊的计算材料智能方法。利用人工智能深度学习技术对复杂的材料显微组织进行学习训练,使之可以对材料图像进行快速自动的合理分割,从而鉴定相或晶粒的形貌和大小。如果组织图像对应的材料性质已知,则可以进一步构建机器学习的材料显微组织图像和材料性质的关联性,实现基于"组织即性能"理念的机器学习材料性质预测的能力。

3.3 应用案例选编

近年来,随着计算材料学与人工智能技术的不断发展,以计算模拟、大数据分析和机器预测为辅助手段的材料研究新方法正初步形成,其能协助研究人员更高效、更准确地完成材料研究开发工作,取得了显著的科研成果。本节从金属结构材料、金属加工成型工艺、能量转换材料、量子材料、磁性材料等不同领域选取合适的应用案例进行阐述,便于读者更直观、更清晰地理解计算材料学的研究方法以及人工智能技术如何与计算材料学相融合。

(1)CALPHAD 方法用于高温合金单晶叶片的材料设计

CALPHAD 方法[27,28]在新材料研究、材料工艺优化研究等领域的应用越来越广,在一定程度上替代了传统材料研究与开发过程中一直依靠经验试错的研发模式,成为合金设计的重要工具。

Rettig 等[29]针对无铼镍基单晶高温合金开展了合金成分与结构设计研究工作,结合 CALPHAD 方法与经验公式,构建了多目标的全局优化策略。该策略的主要设计思路是通过成分与结构筛选,最终获得高蠕变抗力、高氧化抗力和低密度的无铼镍基单晶高温合金。该方法的主要步骤是:第一步,根据专家经验和领域知识确定成分搜索空间和结构性质约束条件,结构性质包括基体相和共格析出相点阵错配度、摩尔分数和溶解温度,约束这些性质为获得高蠕变抗力合金提供结构保障;第二步,在成分搜索空间内选择少量样本开展热力学计算和经验公式估算,以满足结构性质的约束和目标筛选性质的要求,其中,目标筛选性质包括最高固溶强度、最高 Cr 含量和最低合金密度;第三步,将上述计算结果作为输入,利用非线性差分技术构建计算效率更高的替代模型;第四步,依托构建的替代模型,以目标筛选性质作为约束条件,在限定成分空间内开展全局优化,在优化迭代过程中每次迭代结果都作为第二步性能计算的输入,使替代模型得以不断优化;最后,经历不断优化迭代后达到收敛,即成分相比于上一次迭代不再发生大的变化,获得满足优化目标的高性能合金。在该策略指导下,研究人员获得了高固溶强度、低密度(8.4g/cm³)、无铼、摩尔分数及溶解温度满足限定条件的高质量合金。经实验测试,该无铼合金高温力学性能与先进二代单晶合金(铼含量 3wt% 左右)接近,而成本降低一半以上。

(2)相场方法在固态相变中的应用

相场方法用于模拟固态相变微结构源于 Khachaturyan 等[30]关于结构相变的微弹性理论。在模拟这类微结构的相场模型中,人们从原子排列顺序、晶格对称性和共存相之间的取向关系,研究广泛存在于合金中析出相这一种固态相变现象。如果析出相以均匀形核的方式析出,它们将随机分布在基体合金中;但如果析出相以非均匀形核的方式析出(例如在位错、晶界等晶体缺陷附近析出),它们将不能随机分布在基体中,而是在缺陷附近形成微结构。

相场模型构建过程如图 3-2 所示,包括能量泛函的构建、动力学参数的确定和控制方程的求解,即合金最终微结构由热力学、动力学共同决定。在对钛合金(Ti-6Al-4V)扩散型相变过程微结构的相场模拟中发现[31,32,33]:在相变过程中,析出相在基体中随机分布,且不同的 12 个位向析出相变体几乎以相同的概率出现。有意义的是,这些析出相变体在实验中并不是等概率出现的,而是某些析出相变体更容易在基体中析出,这种现象被称为析出相变体的选择性。一般来说,强烈地析出相变体会降低钛合金的疲劳抗性和蠕变性能,而随机分布的小尺寸析出相晶粒或集束有利于提高钛合金的力学性能。

图 3-2   相变微结构演化的相场模拟流程

(3)相场集成模型在预测材料力学性能中的应用

动态再结晶(DRX)对金属在热加工和塑性成形中的宏观力学响应起到决定性作用。目前的实验手段无法直接观测 DRX 现象和相应的微观应力演化过程,而现有数值模型通常只考虑力学演化却忽略了微观组织的同步演化,难以对 DRX 在结构演化层次上开展数值模拟研究。

Zhao 等[34]通过基于位错的微观本构理论,将晶体塑性和多晶材料晶粒结构演化的相场方法集成为一体,开发了适用于 DRX 一般机理研究和宏观应力—应变曲线预测的介观三维模型和计算方法,为进一步研究特定体系的 DRX 奠定了理论和模拟基础。在该集成模型中,微结构的动态演化和力学性能通过抽象模型结构(abstract model structure,AMS)和具象模型结构(concrete model structure,CMS)耦合在一起。抽象模型结构描述了相场模型和力学模拟环境的交互模式,具象模型结构描述了本征和动力学模型以及用于描述微结构的场变量的传递方式。在 AMS 层面,模型框架由形变运动学、模型界面的描述(描述一系列微结构状态变量的本征理论,及其与相场序参量的相互作用)和描述微结构演化的相场动力学控制方程三部分组成。

此外,考虑到变形过程中再结晶形成的新晶粒,或析出过程中形成的新相,故还需要在集成模型中添加形核模型。也就是说,AMS模型的实施需要包含微结构的描述符、CMS模型中的晶体塑性模型框架、本征方程、相场动力学方程、形核模型以及相应CMS模型的具体数值模拟结果。该研究工作与Wusatowska-Sarnek等[35]开展的实验研究平行进行。

研究体系采用99.99%的铜(平均尺寸为230mm、随机分布的等轴晶结构),代表性体积元(RVE)由DREAM3D产生,其初始晶粒结构和反极图如图3-3所示[34]。采用独立的基于快速傅里叶变换的黏弹塑性模型(FFT-EVP)对位错模型进行标定。对体积元施加应变速率为$1.6e^{-3}s^{-1}$的简单压缩后,发现动态再结晶前,该模型的应力—应变曲线依赖于压缩温度。当再结晶发生时,塑性变形过程中应力—应变曲线和硬化强度可以由集成模型PF+FFT-EVP进行预测,如图3-4(a)和(b)所示,模型计算得到的结果与实验值相吻合。此外,该集成模型还能给出相应的位错密度分布情况,如图3-4(c)和(d)所示,包括统计储存位错(SSD),几何必需位错(GND)和移动位错(Mobile)[34]。

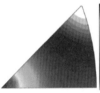
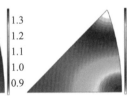
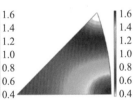

(a) 初始随机输入的晶粒结构　(b) 微结构(a)对应的反极图(择优取向与压缩方向平行)　(c) 单独的FFT-EVP模型预测的50%应变状态下的反极图(T=723K)　(d) PF+FFT-EVP集成模型预测的50%应变状态下的反极图(T=723K)

图 3-3　初始晶粒结构和反极图

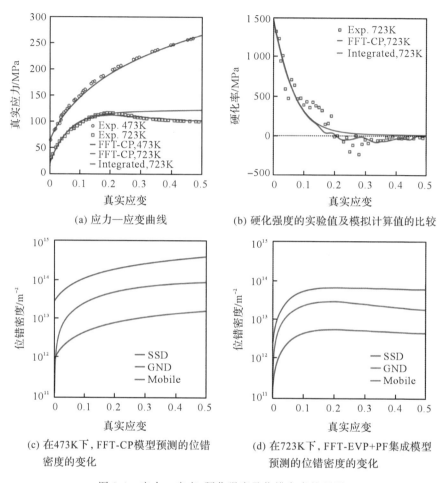

(a) 应力—应变曲线

(b) 硬化强度的实验值及模拟计算值的比较

(c) 在473K下，FFT-CP模型预测的位错
密度的变化

(d) 在723K下，FFT-EVP+PF集成模型
预测的位错密度的变化

图 3-4　应力—应变、硬化强度及位错密度的预测

　　此外，微结构的演化可以通过该集成模型进行直接预测。微结构演化过程中体系平均晶粒尺寸和再结晶晶粒体积分数的变化趋势如图 3-5 所示[34]。连续的晶粒数量增加与平均晶粒尺寸的减小表明材料产生了晶粒细化现象，这与 Wusatowska-Sarnek 等[35] 的实验结果一致。动态再结晶过程中，晶粒在晶界和结点处成核，以楔形方式生长，并在生长过程

中与近邻两个晶粒保持一条三重线,这样就不需要达到平衡的三重结构
(120°)。晶粒生长过程主要由储存的能量差驱动,而非曲率驱动,DRX
的动态性很可能会阻止其在其他成核和生长事件发生之前达到平衡
构型。

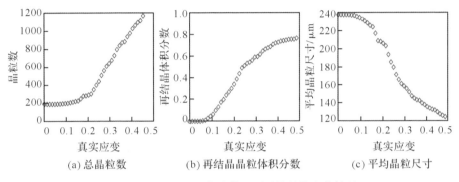

(a) 总晶粒数　　　　(b) 再结晶晶粒体积分数　　　　(c) 平均晶粒尺寸

图 3-5　　在 723K 下,集成模型预测的晶粒变化情况

(4)镀铝碳纤维平纹编织格栅在大变形条件下的力学行为

　　刘站等[36]采用试验与有限元模拟结合的方法,探究了镀铝碳纤维平
纹编织格栅在大变形条件下的力学行为。具体方法是在 Pro/E 中建立
格栅试样单胞模型,并导入有限元软件 ABAQUS 对其进行拉伸模拟,得
到镀铝碳纤维平纹编织格栅的力学特性,再结合试验数据验证仿真分析
的有效性。

　　研究结果表明,镀铝碳纤维平纹编织格栅具有高度非线性[36],大变
形条件下,在经纬纱交织处容易产生应力集中,最易发生破坏失效,如图
3-6 所示。试验与仿真数值曲线上升趋势一致且相差较小,说明织物模
型仿真分析具有可行性,从而为镀铝碳纤维编织格栅的设计及工程应用
提供参考。

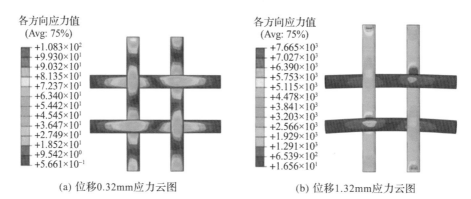

各方向应力值
(Avg: 75%)

| +1.083×10² |
| +9.930×10¹ |
| +9.032×10¹ |
| +8.135×10¹ |
| +7.237×10¹ |
| +6.340×10¹ |
| +5.442×10¹ |
| +4.545×10¹ |
| +3.647×10¹ |
| +2.749×10¹ |
| +1.852×10¹ |
| +9.542×10⁰ |
| +5.661×10⁻¹ |

各方向应力值
(Avg: 75%)

| +7.665×10³ |
| +7.027×10³ |
| +6.390×10³ |
| +5.753×10³ |
| +5.115×10³ |
| +4.478×10³ |
| +3.841×10³ |
| +3.203×10³ |
| +2.566×10³ |
| +1.929×10³ |
| +1.291×10³ |
| +6.539×10² |
| +1.656×10¹ |

(a) 位移0.32mm应力云图   (b) 位移1.32mm应力云图

图 3-6 　不同位移下的应力云图

(5)运载火箭结构材料冷挤压孔强化仿真

刘涛等[37]针对运载火箭典型结构材料,利用 ABAQUS 软件建立有限元模型,并在此基础上进行冷挤压孔强化仿真,分析不同孔强化比例和考虑回弹量的铆接后孔周应力分布情况,如图 3-7 所示[37],得到最佳孔强化比例范围。结合试验验证,确定最佳孔强化比例。

各方向应力值
(Avg: 75%)

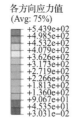

| +4.004e+02 |
| +3.671e+02 |
| +3.337e+02 |
| +3.003e+02 |
| +2.670e+02 |
| +2.336e+02 |
| +2.002e+02 |
| +1.669e+02 |
| +1.335e+02 |
| +1.001e+02 |
| +6.676e+01 |
| +3.339e+01 |
| +2.581e-02 |

(a) 孔强化比例1%并考虑回弹量的孔壁仿真应力云图

各方向应力值
(Avg: 75%)

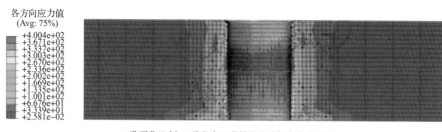

| +5.439e+02 |
| +4.985e+02 |
| +4.532e+02 |
| +4.079e+02 |
| +3.626e+02 |
| +3.173e+02 |
| +2.719e+02 |
| +2.266e+02 |
| +1.813e+02 |
| +1.360e+02 |
| +9.067e+01 |
| +4.535e+01 |
| +3.031e-02 |

(b) 孔强化比例2%并考虑回弹量的孔壁仿真应力云图

各方向应力值
(Avg: 75%)

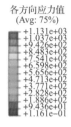

(c) 孔强比例1%并考虑回弹量后的铆接后孔周应力云图

各方向应力值
(Avg: 75%)

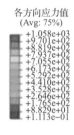

(d) 孔强比例2%并考虑回弹量后的铆接后孔周应力云图

图 3-7　不同孔强化比例下孔壁及孔周应力云图

　　针对航天典型 2A12 材料开展了有限元仿真及试验验证,通过对不同强化比例下孔周应力进行分析,并考虑回弹量后进行铆接后孔周应力分析,再通过拉伸试验验证,得到最佳孔强化比例为 2%。此时应力集中效果较好。

(6)孪晶诱导金属材料强韧化机制的分子动力学模拟

　　作为结构材料的重要力学性能,金属的强度和韧性分别表征了材料可以承受的最大载荷和变形过程中不发生颈缩或者断裂的能力,两者共同决定了金属材料的整体性能与使用场合。在传统金属强化方法里,金属材料的强度和韧性往往呈现一种倒置的关系,即金属屈服强度的提升往往会带来韧性的降低。近二十年来,伴随着纳米技术的迅速发展,研究人员不仅可以从金属材料的组分变化入手,还可以从纳米结构的角度出发,开发综合力学性能优异的新型金属材料。如在金属中引入特定的纳米结构,利用晶体中的纳米结构阻碍位错的形核与移动,提升位错或孪晶的容纳能力，从而打破强度和韧性的倒置关系，实现金属材料强度和韧性的同步提升。

卢磊等[38]在纳晶铜内引入超细孪晶片层，使其在屈服强度提升到1GPa时，可以保持30%的高延展率，成功实现纳晶材料的强度和韧性的同步提升。魏宇杰等[39]通过扭转的方法在孪晶诱发塑形钢材试样中预先引入了多级梯度孪晶结构，使其屈服强度提升一倍的同时，又几乎没有损失其延展率。

不同于实验研究，分子动力学可以从机理的角度更为深入地研究金属中的强韧化问题。李晓雁等[40]利用大规模分子动力学方法系统研究了纳米孪晶铜中孪晶片层厚度对材料屈服强度的影响，发现位错通过穿过孪晶界或沿着孪晶界滑移这两种运动方式之间的竞争，改变了纳米孪晶强化的极限强度。Schiotz等[41]利用大规模分子动力学，发现了纳晶金属的极限强度取决于位错和晶界滑移之间的竞争关系。Buehler等[42]在铜的分子动力学研究中，直接观察到铜的三种重要应变强化机制。周昊飞等人[43]在对纳米孪晶铜中"项链状"割接主导的强化机制的研究中提出了一种新型的应变强化机理。

孪晶诱导塑性(twinning induced plasticity，TWIP)钢在承受变形时，高应力区会自发地形成孪晶组织。这些新应变诱导的孪晶组织阻碍了位错的进一步滑动，提升局部强度，迫使变形转移到其他应变较低的区域，进而提升钢材的延展率。同时，丰富的孪晶结构将初始的奥氏体晶粒切割为一块块细小的区域。这些细小的织构既可以提升晶粒对位错的容纳程度，又可以阻碍位错的运动，从而实现加工硬化的效果。孪晶界作为一种共格晶界，其极低的界面能与开裂形成的表面存在着巨大能量差异，裂纹开裂所需能量增加可以抑制裂纹的进一步扩展。合适范围内的层错能与奥氏体的稳定性共同决定了 TWIP 钢优秀的力学性能。针对 TWIP钢的变形过程，杨卫院士团队[44]提出了一套基于平均化思想的介原子分子动力学方法,解决现阶段合金分子动力学模拟缺乏可靠势函数的问题。该方法的提出,使合金的原子模拟研究可以直接从决定合金变形机理的材料属性出发,定量研究不同材料属性对于合金变形机制的影响,拓宽了原子模拟方法在合金强韧化研究中的应用范围。杨卫院士团队提出的新型研究方法,得到了清华大学郑泉水院士、瑞士联邦理工学院柯廷(Curtin)教授、美国弗吉尼亚理工法卡斯(Farkas)教授、美国卡内基梅隆大学罗勒(Rohrer)教授等世界著名学者的高度肯定,并被广泛应用于复杂合金体系模拟研究。

(7)第一性原理计算在新型能量转换材料预测中的应用

热电材料作为一种新型的能量转换材料,具有体积小、重量轻、控温精度高、无污染、节能等优点,被广泛应用于工业废热发电、空间/深海特殊电源、半导体芯片降温/控温、高端制冷等领域。大多热电材料面临的突出问题就是能量转换效率低,因而寻找高性能热电材料具有重要的应用价值。

近年来,以数据库、计算平台发展为基础的数据驱动的高通量研究方法为新型高性能热电材料的研究带来新的手段。Xi 等[45]运用高通量手段面向上海大学数据信息平台(materials informatics platform,MIP)筛选硫族化合物,并研究其热电性能。化合物的初筛条件如下:阳离子为 IB、IIB、IIIA、IVA 族的元素,阴离子为 S/Se/Te 元素;属于面心立方阴离子亚晶格;阳离子配位数为 4,筛选得到 214 种化合物。因为热电材料大多是半导体,所以设置了第二个筛选条件,即能带带隙大于 0.1eV,进而得到其中的 161 种材料。再对筛选出来的 161 种材料进行电输运以及热输运的高通量计算,如图 3-8 所示[45]。通过计算,筛选出具有高功率因子的材料体系。最后,经过实验验证,获得高性能热电材料 $Cd_2Cu_3In_3Te_8$,其热电性能 ZT 值在高温下达到了 1。

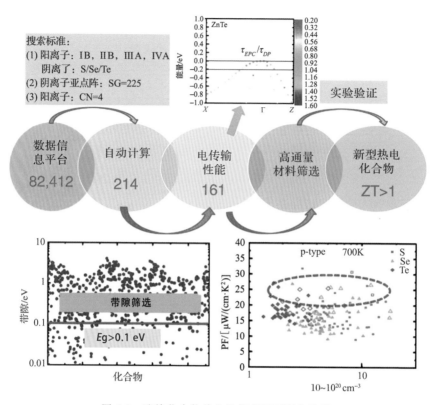

图 3-8　硫族化合物热电性能高通量研究流程

　　图 3-9 分别为 700K 时 $CuInS_2$、$CuInSe_2$、$CuInTe_2$ 类金刚石化合物电
导率与载流子浓度的关系，以及 S、Se、Te 基类金刚石化合物泽贝克系数
与载流子浓度的关系。图 3-9(a) 为 $CuInS_2$、$CuInSe_2$、$CuInTe_2$ 理论计算
的电导率，散点则是不同 S、Se、Te 基类金刚石化合物的实验电导率。从
图中可以看出，尽管不是同一种体系，但是由于它们存在相同的阴离子亚
晶格，它们的电导率数据理论预测和实验值非常吻合，证明了硫族化合物
存在 Te 阴离子亚晶格主导的导电通道，说明不仅 ZnTe 和 $CuInTe_2$ 化合
物价带顶存在阴离子亚晶格主导的导电通道，其他硫族类金刚石化合物
价带顶均存在导电通道。这一结论为硫族类金刚石化合物电输运性能的
进一步优化提供了理论基础。从图 3-9(b) 中可以看出，硫族化合物的输运

性能可以根据阴离子分为 S 基、Se 基和 Te 基,对于每一类化合物,其泽贝克系数—载流子浓度关系相似,不同阴离子输运性能有一定差别。

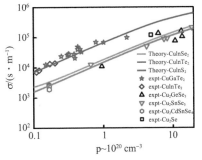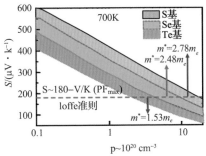

(a) CuInS₂、CuInSe₂、CuInTe₂类金刚石
化合物电导率与载流子浓度的关系,
散点为对应的S、Se、Te基类金刚石电
导率的实验值

(b) S、Se、Te基类金刚石化合物的泽贝克
系数与载流子浓度的关系

图 3-9　各类金刚石化合物电导率和泽贝克系数与载流子浓度的关系

研究人员在此基础上进一步对硫族类金刚石化合物的输运性能进行优化筛选,预测了一些可能具有高热电性能的化合物,得到本征带有空位缺陷的 $ZnIn_2Te_4$、$CdIn_2Te_4$ 等化合物。对其中一种化合物 $CdIn_2Te_4$ 进行实验验证,发现 $CdIn_2Te_4$ 具有较低的电导率,对其进行掺杂后得到了一种新型热电化合物 $Cd_2In_3Cu_3Te_8$,初步优化后,其热电性能为 ZT>1。

该工作包括了从材料结构的筛选到新型材料预测并实验验证的全流程,这是国际上首次通过高通量理论预测得到 ZT 值大于 1 的新型热电材料,这种新型研究手段将为高性能热电材料的开发提供一个新的思路。

(8)预测钙钛矿氧化物和卤化物新容忍因子

在光伏和电催化等应用领域,预测钙钛矿结构稳定性仍然面临着严峻的挑战。Bartel 等[46]基于新型数据驱动方法提出了准确的具有物理可解释性的一维容忍因子,见公式(3.1):

$$\tau = \frac{r_X}{r_B} - \left[n_A - \frac{\dfrac{r_A}{r_B}}{\ln\left(\dfrac{r_A}{r_B}\right)} \right] \tag{3.1}$$

该新容忍因子对现有的 576 个单钙钛矿 ABX_3($X = O^{2-}$,F^-,Cl^-,Br^-,I^-)实验数据集的预测准确度高达 92%,应用到训练数据以外的 1034 个单钙钛矿和双钙钛矿实验数据集上的预测准确度仍然高达 91%。相比之下,新容忍因子的准确度远高于传统戈尔德施密特(Goldschmidt)容忍因子 t(准确度仅为 74%)。

鉴于新容忍因子的高度准确性,Bartel 等[46]利用 τ 预测了 23314 个新双钙钛矿的结构稳定性,对实验和理论工作者判断新型钙钛矿稳定性和可合成性具有重要意义。

在当前大多数传统机器学习模型难以理解的情况下,该工作通过新型数据驱动方法建立可解释性的近似的准确公式,为机器学习从数据到知识的转化提供了优秀案例。

(9)符号回归用于公式发现

循环伏安法是电化学领域研究电极和电解液界面氧化还原反应动力学过程的常用方法。该方法对系统施加周期性线性变化的扫描电势,并记录相应的输出电流。循环伏安曲线就是循环伏安法记录的电流—电势曲线(cyclic voltammogram,CV)。不同系统和不同实验条件下循环伏安曲线的峰值电流是反映氧化还原动力学的一个特征参数。然而,峰值电流和反应参数及控制参数的函数关系尚不能通过理论推导得到,导致对实验结果的峰值电流的解释比较困难。在最简单的单电子反应理论模型中,可以通过对循环伏安法测试的理论模型,对完全可逆和完全不可逆的反应进行数值求解,得到通用的峰值电流的数学表达式。对准可逆反应,尚无通用的峰值电流的数学表达式。对更复杂的反应,同样缺少峰值电流的数学表达式。当前快速发展的机器学习方法,为发现可用的峰值电流的数学表达式提供了可能的快速解决方案。

Sun 等[47]将机器学习与模型推导相结合,搜寻循环伏安法电流峰值曲线,最终获得具有物理意义的公式,如图 3-10 所示。首先,研究人员利用 CV 模拟得到了不同反应参数和控制参数组合下电化学反应的循环伏安曲线的峰值电流。将这些数据用符号回归(语法演化)的方法进行训

练,分别得到了峰值电流和扩散系数、电压扫描速率、反应常数和氧化物的初始浓度的函数关系,用一般的数学表达式表示为:

$$\log(I_p) = a_1 \log(D) + a_2 \log(v) + a_3 \log(\overline{C}_{OX}) + a_4 \log(D)\log(k_0)$$
$$+ a_5 \log(v)\log(k_0) + a_6 \log(\overline{C}_{OX})\log(k_0) a_7 \log(k_0) + a_8 \quad (3.2)$$

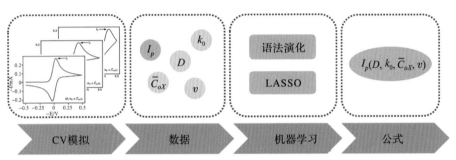

图 3-10　机器学习与模型推导相结合,搜寻循环伏安法电流峰值曲线研究路线

使用 LASSO(least absolute shrinkage and selection operator)方法对表达式(3.2)进行稀疏回归,如图 3-11 所示[47],推导出了完全可逆和完全不可逆的反应的表达式,分别为:

$$I_p \approx 2.05 \times 10^8\ \overline{C}_{OX}\ \sqrt{Dv} \quad (3.3)$$

$$I_p \approx 2.65 \times 10^8\ \overline{C}_{OX}\ \sqrt{Dv} \quad (3.4)$$

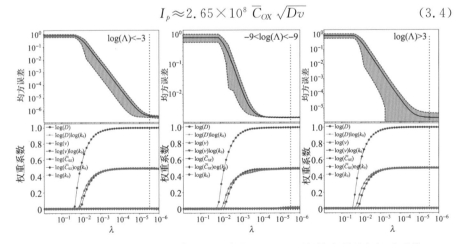

图 3-11　对不可逆、可逆和伪可逆反应的 LASSO 回归均方误差与权重系数

上述表达式与文献[48]中已报道的公式有很好的一致性。因此,利用机器学习可以准确找到峰值电流遵循的方程式。

准可逆反应峰值电流的精确数学表达式为:

$$\log(I_p) = 0.4947\log(D) + 0.4912\log(v) + 0.9949\log(\overline{C}_{OX})$$
$$-0.0005\log(\overline{C}_{OX})\log(k_0) + 0.0131\log(k_0) + 19.2596$$

$$(3.5)$$

表达式(3.5)形式较复杂,物理意义不明确。在符号回归中结合更多专家知识(图 3-12),回归得到的表达式是对完全可逆和完全不可逆的反应峰值电流数学表达式的微扰调节;而在完全可逆和完全不可逆的极限情况下,可以回复到已知的表达式[47]。结合专家知识的语法演化得到全反应范围内的简单表达式如下:

$$I_p = 0.446F\overline{C}_{OX}\sqrt{\frac{FDv}{RT}}\left(\frac{0.22}{1 + 1.001\Lambda^{-1.2} + 0.7708}\right), \Lambda = \frac{k_0}{\sqrt{\frac{FDv}{RT}}}$$

$$(3.6)$$

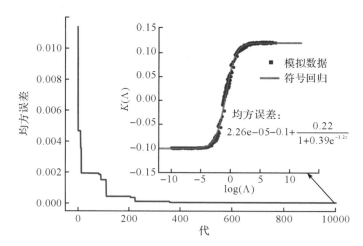

图 3-12 结合专家知识的语法演化方程搜寻得到的公式及均方误差

(10)量子材料的第一性原理高通量计算和数据库建设

量子材料由于电子自旋轨道耦合等作用,呈现出非常规的新奇物态,如拓扑绝缘体表面有无能耗边界导电通道。量子材料的研究对未来高性能电子和量子计算应用的发展有重要的基础研究科学意义。近年来,理论上提出的拓扑材料结构及其效应已被相继证实,计算拓扑不变量或拓扑节点研究也大大促进了凝聚态物理、材料科学和数学物理的理论发展。拓扑绝缘体的发现拓展了拓扑材料的分类,如时间反演不变的拓扑绝缘体衍生出了拓扑晶体绝缘体和拓扑超导体等。

电子能带结构上的节点简并可分为狄拉克(Dirac)半金属、外尔(Weyl)半金属、节线(node-line)半金属等。狄拉克点是四重简并的能带交点,色散关系为线性,且整体手性为零。狄拉克半金属的显著特征为动量空间的无质量狄拉克费米子,是受到对称性保护的拓扑无带隙相。外尔半金属在动量空间具有二重简并的能带交点,对应于成对出现的贝里曲率(Berry curvature)的量子磁单极,外尔点的手性由陈数给出。时间反演或空间反演要求能带双重简并,外尔点要求时间或空间反演至少有一个对称性破缺。凝聚态物质中低能激发的准粒子可以用来实现类似高能物理中的粒子,如狄拉克和外尔半金属中可以分别实现狄拉克和外尔费米子,以 Na_3Bi 为代表的狄拉克半金属和 $TaAs$ 为代表的外尔半金属已得到了实验上的角分辨光电能谱(ARPES)的验证。

由于狄拉克和外尔半金属的对称性要求不尽相同,因此狄拉克和外尔费米子在同一种固体材料中能否共存这一问题从未在理论和实验中被论证。上海大学任伟等[49]首次通过第一性原理计算和对称性分析证明了这两种费米子在固体材料中同时出现的可能性,并在 ABC 型 SrHgPb 极化晶体中预言了狄拉克和外尔电子结构的共存和分布(图 3-13)[49],为未来拓扑材料在自旋电子学和量子计算上的实现提供了新的可能。

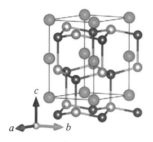

(a) SrHgPb半金属晶体结构，
绿、灰、黑色球分别代表
锶、汞、铅原子

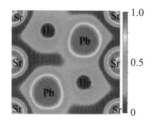

(b) (110)平面上的电子
局域函数

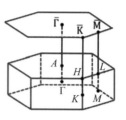

(c) 第一布里渊区及其在
(001)面上的投影

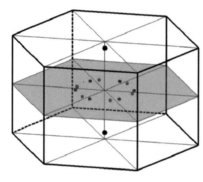

(d) 狄拉克点(黑色)和外尔点(蓝色和红色)
在布里渊区的分布

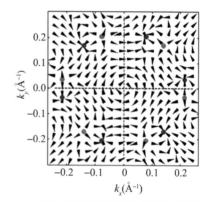

(e) $kz=0$平面内的贝里曲率及六对外
尔点

图 3-13 狄拉克和外尔电子结构的共存和分布

如何从多如牛毛的化合物中寻找出具有非零拓扑不变量的材料呢？虽然拓扑不变量的信息已经包含在了所有价带的电子波函数中，但某些拓扑不变量的表达式非常繁难，此类计算十分复杂，并且需要耗费大量的时间和精力。在艰难搜索拓扑材料的过程中，多数科学家在直觉上认为拓扑性质在自然界中是罕见的，需要构成原子的外层电子轨道、晶体结构、自旋轨道耦合等因素的巧妙平衡。2017 年，拓扑量子化学[50] 和对称性指标理论[51]的提出表明：能带系统的拓扑不变量的信息大部分已蕴含于高对称动量点的价带电子波函数的对称性之中，而能带的对称性数据是可以通过全自动的方法计算得到的。因此，可以通过计算材料的对称性数据来判断它是否具有拓扑性质,这是计算预言拓扑材料方法的重大突破。

2017年底,中国科学院物理所方辰等[52,53]得到了从对称性数据到所有拓扑不变量的完整对应,并将其称为"拓扑词典",其中对称性数据是"词",拓扑不变量的取值是"义"。根据这本"拓扑词典",研究人员只需计算出任何材料的对称性数据就可以查出它的拓扑不变量。"拓扑词典"出版后,可以根据新的理论,设计一套全自动判别拓扑材料并计算拓扑不变量的算法,然后用它来以全自动的方式寻找新的拓扑材料。2018年,方辰等[54]发展出一套自动计算材料拓扑性质的新方法,方法的流程如图3-14所示。根据这一流程,对于任何材料,在分别考虑有自旋轨道耦合和无自旋轨道耦合之后,都会得到一个确定的标签,这个标签提示该材料是否属于拓扑材料,以及属于哪一种拓扑材料。利用该方法,研究人员在近4万种材料中发现了8000余种拓扑材料,是过去十几年人们找到的拓扑材料总和的十几倍,还据此建立了拓扑电子材料的在线数据库。

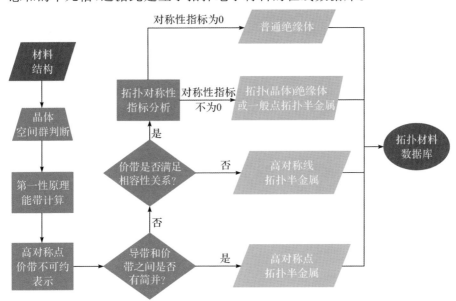

图3-14 量子拓扑材料计算的自动化流程

如何将这些结果呈现给科学界呢？对于每一种拓扑材料，不仅需要给出化学式、原子结构、对称性指标、拓扑分类等关键信息，还要给出计算出的电子态密度及能带结构等参考信息。如此多的内容，没法像一般的科技论文一样把它们全都写进一篇文章中，研究人员将其做成了可搜索的、有交互界面的数据库。在这个数据库中，用户可以随意点选元素周期表中的一个或几个元素，然后就会出现所有包含这几种元素的拓扑材料以及它们各自的分类信息。这是世界上首个包含了完整拓扑性质的材料数据库——拓扑电子材料目录[54]。

(11)稀土永磁合金的流程化建模计算及性能筛选应用程序构建

1：5 型稀土永磁合金 $RETM_5$ 是一种六角晶格结构的硬磁材料，已经被广泛应用于航空航天、国防军工、医疗设备等领域。钐钴磁铁（$SmCo_5$）作为其中的典型代表，具有较大的磁各向异性（$K_1 \sim 17.2 MJ \cdot m^{-3}$）和较高的居里温度（$T_c \sim 1020K$），明显优于永磁材料钕铁硼（$Nd_2Fe_{14}B$，$K_1 \sim 4.9 MJ \cdot m^{-3}$，$T_c \sim 588K$）。由于 Co 的价格昂贵，而 Fe 属于室温铁磁金属，熔体纺丝储量丰富，故研究人员尝试用 Fe 来替代 Co 原子。早在 1988 年，研究人员通过熔体纺丝（melt spinning）方法[55]合成了 $SmCo_{1-x}Fe_x$（$x=0 \sim 0.3$）。随着 Fe 掺杂浓度的变化，材料的居里温度能够从 1020K 提升至 1080K[56]。这表明适量的掺杂不仅可以降低成本，还可以提升材料物性。

近年来，有关稀土永磁材料 RCo_5 磁性的研究仍然是国际上的前沿方向，如磁交换作用的表现形式[57,58]，磁各向异性的起源[59,60]，磁性能与结构的关系[61]等。其中，三元稀土永磁材料的研究已经比较深入和全面[62,63]，它的薄膜结构也可以通过实验制备出来[64]。但提高一个维度，成为四元稀土永磁材料，研究的难度就会大大增加。因为提高一个维度后，掺杂结构变得十分复杂，难以进行高通量实验材料筛选。可利用人工智能机器学习，通过建立一个基于训练集的连续模型来解决这一难题[65,66]。

上海大学任伟课题组开发了一款基于第一性原理高通量计算流的自

动机器学习建模软件 V1.0,该软件以四元1∶5型稀土永磁合金 RE$(Co_{1-x-y}Fe_xTM_y)_5$ 为研究对象,其中 $x=0\sim0.08$,$y=0.08\sim0.16$,RE 为 Y、La、Ce、Sm、Gd、Dy、Er、Tm 等稀土元素,TM 为 Si、Zr、Cu、Hf、Ti、Ni、Zn、Cr 等过渡金属元素。通过基于工作流模式的自动化实现高通量第一性原理计算,从原子尺度探索其自旋耦合的磁性机制,挖掘和积累该材料的基础理论数据,利用人工智能机器学习,建立并获得了1∶5型稀土永磁合金成分-性能模型。此外,研究人员基于 Python 语言的库包形式设计应用程序(App),方便操作者在研究时调用与升级。该 APP 具有高个性度和自定义度,在 IPython 环境下,可以方便操作者在服务器、个人电脑,甚至手机端查看任务情况。

(12)机器学习预测铅基钙钛矿铁电晶体高临界转变温度

居里温度是铁电材料由铁电相转化为顺电相的临界温度,是铁电材料的一项关键指标。杨自欣等[67]利用元素属性构建特征,从 205 种不同铅基钙钛矿固溶体的数据中学习,得到三种预测居里温度的机器学习模型。通过模型集成的方法对习得的模型进行集成,得到了适用于铅基钙钛矿铁电晶体的高准确度、高鲁棒性的居里温度预测模型。

该工作中机器学习模型构建的主要步骤如下。①获取训练数据,构建用来预测居里温度的特征。②通过交叉验证的方法选取合适的机器学习模型,调整超参数,集成多个模型,构建高预测精度的机器学习模型。③使用机器学习模型学习训练数据,对未知的复杂铅基钙钛矿材料的居里温度进行预测。

研究人员采用岭回归、支持向量回归、极端随机森林回归和集成模型对铅基钙钛矿铁电固溶体的居里温度进行了学习,使用交叉验证的方法对学习效果进行验证,得到机器学习方法对材料居里温度的预测值与实验值之间的平均误差分别为 14.4K、14.7K 和 16.1K,集成三种回归方法优化的集成模型平均误差为 13.9K(图 3-15)[67]。数据表明,机器学习模型可以较为准确地预测铅基钙钛矿铁电晶体的居里温度,并可以通过模型集成提高预测精度,为实验研究提供指导作用。

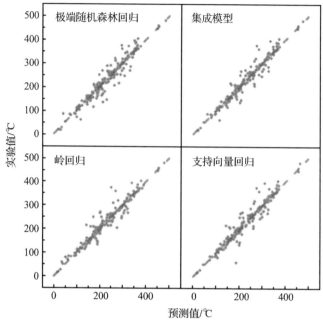

图 3-15　三种机器学习模型及其集成模型对材料的预测值与实验值的比较

　　研究人员利用上述机器学习模型，在由不同组分和配比的铅基钙钛矿铁电晶体形成的庞大搜索空间中寻找具有高居里温度的铁电体。通过对超过 20 万种铅基钙钛矿铁电体的居里温度进行预测，最终挑选出两种具有潜在高居里温度的铅基钙钛矿铁电晶体：0.02PMN-0.98PT 和 0.02PGN-0.02PMN-0.96PT。

(13)机器学习对太阳能电池元素含量梯度的优化分析

　　$Cu(In,Ga)Se_2$(CIGS)太阳能电池是一种高效薄膜太阳能电池。Ga 含量(Ga/(Ga+In)，GGI)的梯度调控是在不损失短路电流的情况下，获得高开路电压的一种有效方法。刘武等[68]将机器学习与电池模拟分析相结合，研究了不同类别的 V 型 GGI 梯度对电池性能的影响和规律。通过对 V 型双梯度分布的优化分析，研究人员模拟获得了高于 26％的转换效率，均高于目前已有文献中采用 GGI 梯度来模拟和预测的效率值。该项工作在理论上为获得高效率 CIGS 电池提供了 V 型 GGI 梯度的优化方案,有望在实验上实现 CIGS 电池效率的突破。

上述工作的具体研究方法如下。

首先,研究人员从文献中筛选信息记录全、电池转换效率(PCE)≥10%的数据点作为机器学习的数据集,采用极端随机森林回归算法建立优化模型。然后,使用 RF 算法对优化模型进行预测,获得 Ga 梯度值对能量装换效率的影响规律[68],如图 3-16 所示。在建模与计算过程中,选取背面 Ga 含量(GGI_B)、位于 CIGS 层内的 Ga 含量(GGI_M)以及表面 Ga 含量(GGI_F)为 GGI 的三个特征,用来反映 CIGS 层内的 GGI 浓度梯度。机器学习模型中采用的其他指征包括[Cu]/([Ga]+[In])比率、CIGS 吸收层厚度、缓冲层材料及厚度、CIGS 制备方法(共蒸发或其他)、基板温度、基板或预沉积层是否含碱金属、是否碱金属后处理等。

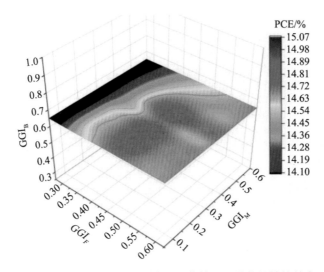

图 3-16　RF 算法预测的不同 GGI 值情况下器件的转换效率

(14)氧化物稳定性和催化性能的第一性原理计算和机器学习研究

材料设计需要在巨大的成分/工艺参数空间中进行优化选择。传统的经验试错实验方法耗时长,难以完成全面系统地快速探索。将第一性原理计算和机器学习方法结合,可以发挥计算高精度和机器学习高效率的互补优势,从而快速有效地实现材料性能预测、优化和设计。

上海大学刘轶课题组[69,70]提出了能够描述晶体结构的局部成分和结构性能的中心-环境特征模型(center-environment model,CE),利用第一性原理计算数据发展多种基于 CE 特征的机器学习模型,并将其应用在探究尖晶石氧化物的稳定性和钙钛矿氧化物的表面析氧反应。相比传统的成分特征模型,CE 的优势在于能够反映晶体结构信息,避免同分异构造成的机器学习特征兼并。

研究人员计算了 5329 个尖晶石氧化物的能量和结构性质,基于 CE 预测了 450 余种尚未经实验合成的尖晶石氧化物的热力学稳定结构,提出了与尖晶石氧化物稳定性相关的"好"和"坏"构成元素(图 3-17)[69]。

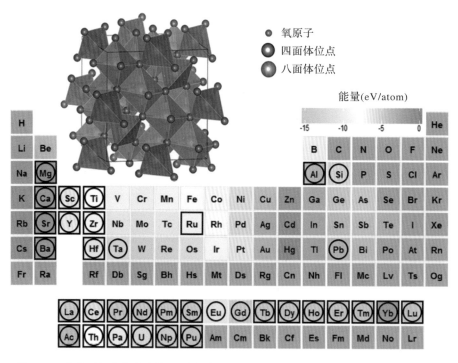

图 3-17　尖晶石氧化物稳定性相关的"好"和"坏"构成元素,其中灰色区域为未研究元素,彩色区域为相应单原子基态总能量的函数,方框和圆形标出的元素分别代表四面体位点和八面体位点稳定元素,其余则是不稳定元素

此外，研究人员利用表面中心−环境特征机器学习模型，预测了610个尚未报道的钙钛矿氧化物表面活性中间体的吸附能和析氧反应过电势，如图 3-18 所示，发现含 Mn，Fe 和 Co 等非贵金属元素的钙钛矿氧化物具有较低的过电势[70]。该工作证明机器学习方法可以高效扩展第一性原理计算的预测能力，为实验开发筛选新材料提供了理论依据。

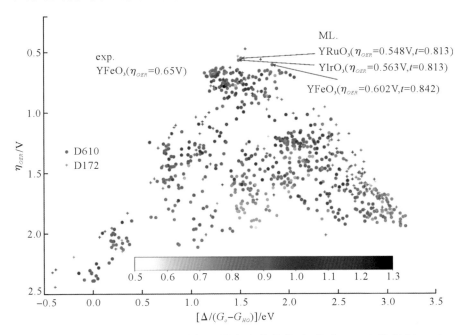

图 3-18　钙钛矿氧化物的过电势与吸附自由能的关系，其中 782 个数据（D610＋D172）已根据钙钛矿结构的容忍因子进行了颜色标定，机器学习预测（D610）过电位排名前三低的钙钛矿氧化物分别是 YRuO₃、YIrO₃ 和 YFeO₃，YFeO₃的实验过电位用黑色实心三角形表示

参考文献

[1] Zong H，Pilania G，Ding X，et al. Developing an interatomic potential for martensitic phase transformations in zirconium by machine learning[J]. Npj Computational Materials，2018，4(1)：1-8.

[2] Botu V，Ramprasad R. Learning scheme to predict atomic forces and accelerate mate-

rials simulations[J]. Physical Review B,2015,92(9):94306.

[3]Botu V, Batra R, Chapman J, et al. Machine learning force fields: Construction, validation, and outlook[J]. The Journal of Physical Chemistry C,2017,121(1):511-522.

[4]Novikov S I, Gubaev K, Podryabinkin E V, et al. The MLIP package: Moment tensor potentials with MPI and activelearning[J]. Machine Learning: Science and Technology,2021,2:25002.

[5]Mishin Y. Machine-learning interatomic potentials for materials science[J]. Acta Materialia,2021,214:116980.

[6]MedeA Products/Materials Design Inc[EB/OL]. http://www.materialsdesign.com/products.

[7]Kohn W, Sham L J. Self-consistent equations including exchange and correlation effects[J]. Physical Review,1965,140(4A):A1133.

[8]李鑫,席丽丽,杨炯.热电材料的第一性原理高通量研究[J].无机材料学报,2019,34(3):6-16.

[9]Daw M S, Baskes M I. Semiempirical, quantum mechanical calculation of hydrogen embrittlement in metals[J]. Physical Review Letters,1983,50(17):1285.

[10]Štich I, Car R, Parrinello M. Structural, bonding, dynamical, and electronic properties of liquid silicon: An ab initio molecular-dynamics study[J]. Physical Review B,1991,44(9):4262.

[11]Finnis M W, Sinclair J E. A simple empirical n-body potential for transition metals [J]. Philosophical Magazine A,1984,50(1):45-55.

[12]Tersoff J S. Modeling solid-state chemistry: Interatomic potentials for multicomponent systems[J]. Physical Review B,1989,39(8):5566-5568.

[13]Moelans N, Blanpain B, Wollants P. An introduction to phase-field modeling of microstructure evolution[J]. Calphad,2008,32(2):268-294.

[14]Lupis C. Chemical Thermodynamics of Materials[M]. Amsterdam: Elsevier Science Publishing Co,1983.

[15]Tourret D, Liu H, Lcorca C. Phase-field modeling of microstructure evolution: Recent applications, perspectives and challenges[J]. Progress in Materials Science,2021,123:100810.

[16]钟万勰,程耿东.跨世纪的中国计算力学[J].力学与实践,1999,21(1):11-17.

[17]Bessa M A, Bostanabad R, Liu Z, et al. A framework for data-driven analysis of

materials under uncertainty：Countering the curse of dimensionality［J］. Computer Methods in Applied Mechanics and Engineering，2017，320：633-667.

［18］Yan J，Cheng G，Liu L，et al. Concurrent material and structural optimization of hollow plate with truss-like material［J］. Structural and Multidisciplinary Optimization，2008，35(2)：153-163.

［19］Yan J，Guo X，Cheng G. Multi-scale concurrent material and structural design under mechanical and thermal loads［J］. Computational Mechanics，2016，57(3)：437-446.

［20］刘书田，李取浩，陈文炯，等. 拓扑优化与增材制造结合：一种设计与制造一体化方法［J］. 航空制造技术，2017，60(10)：26-31.

［21］Guo X，Zhang W，Zhong W. Doing topology optimization explicitly and geometrically：A new moving morphable components based framework［J］. Journal of Applied Mechanics，2014，81(8)：081009.

［22］Kang Z. Robust Design Optimization of Structures Under Uncertainties［D］. Stuttgart：Universitat Stuttgart，2005.

［23］张洪武，陈飙松，李云鹏，等. 面向集成化 CAE 软件开发的 SiPESC 研发工作进展［J］. 计算机辅助工程，2011，20(2)：39-49.

［24］Digimat 非线性、多尺度的材料与结构建模平台［EB/OL］. http：//www. mscsoftware. com/zh-hans/product/digimat.

［25］Dynaform-A Complete Die-System Evaluation Tool for the Automotive Industry［EB/OL］. http：//www. eta. com/inventium/dynaform.

［26］Wilkinson M D，Dumontier M，Aalbersberg I J，et al. The FAIR guidingprinciples for scientific datamanagement and stewardship［J］. Scientific Data，2016，3：160018.

［27］Kaufman L，Bernstein H. Computer Calculation of Phase Diagrams with Special Reference to Refractory Metals［M］. New York：Academic Press Inc，1970.

［28］Saunders N，Miodownik A P. CALPHAD (calculation of phase diagrams)：A Comprehensive Guide［M］. Amsterdam：Elsevier Science Publishing Co，1998.

［29］Rettig R，Matuszewski K，A Müller，et al. Development of a low-density rhenium-free single crystal nickel-based superalloy by application of numerical multi-criteria optimization using thermodynamic calculations［C］//13th International Symposium on Superalloys，2016.

［30］Khachaturyan A G. Theory of Structural Transformations in Solids［M］. New York：Dover Publications，2013.

[31]Moelans N，Blanpain B，Wollants P. An introduction to phase-field modeling of microstructure evolution[J]. Calphad,2008,32(2):268-294.

[32]Qiu D，Shi R，Zhang D，et al. Variant selection by dislocations during precipitation in α/β titanium alloys[J]. Acta Materialia,2015,88:218-231.

[33]Qiu，D，Shi R，Zhao P，et al. Effect of low-angle grain boundaries on morphology and variant selection of grain boundary allotriomorphs and widmanstätten side-plates [J]. Acta Materialia,2016,112:347-360.

[34]Zhao P，Low T S E，Wang Y，et al. An integrated full-field model of concurrent plastic deformation and microstructure evolution：Application to 3D simulation of dynamic recrystallization in polycrystalline copper[J]. International Journal of Plasticity,2016,80:38-55.

[35]Wusatowska-Sarnek A，Miura H，Sakai T. Nucleation and microtexture development under dynamic recrystallization of copper[J]. Materials Science and Engineering,2002,A323:177-186.

[36]刘站,李晶,彭镇.基于 ABAQUS 镀铝碳纤维编织格栅的拉伸性能[J].现代纺织技术,2022,30(01):47-53.

[37]刘涛,齐振超,王星星,等.可重复运载火箭典型结构孔强化应力分析[J].航空精密制造技术,2021,57(04):38-41.

[38]Lu L，Chen X，Huang X，et al. Revealing the maximum strength in nanotwinned copper[J]. Science,2009,323(5914):607-610.

[39]Wei Y，Li Y，Zhu L，et al. Evading the strength-ductility trade-off dilemma in steel through gradient hierarchical nanotwins[J]. Nature Communications,2014,5:3580.

[40]Li X，Wei Y，Lu L，et al. Dislocation nucleation governed softening and maximum strength in nano-twinned metals[J]. Nature,2010,464(7290):877-880.

[41]Schiotz J，Jacobsen K W. A maximum in the strength of nanocrystalline copper[J]. Science,2003,301(5638):1357.

[42]Buehler M J，Hartmaier A，Duchaineau M A，et al. The dynamical complexity of work-hardening：A large-scale molecular dynamics simulation[J]. Acta Mechanica Sinica,2005,21(2):103-111.

[43]Zhou H，Li X，Qu S，et al. A jogged dislocation governed strengthening mechanism in nanotwinned metals[J]. Nano Letters,2014,14(9):5075-5080.

[44]Wang P，Xu S，Liu J，et al. Atomistic simulation for deforming complex alloys with

application toward TWIP steel and associated physical insights[J]. Journal of the Mechanics & Physics of Solids,2017,98:290-308.

[45]Xi L，Pan S，Li X，et al. Discovery of high-performance thermoelectric chalcogenides through reliable high-throughput material screening[J]. Journal of the American Chemical Society,2018,140(34):10785-10793.

[46]Bartel C J，Sutton C，Goldsmith B R，et al. New tolerance factor to predict the stability of perovskite oxides and halides[J]. Science Advances,2019,5:693.

[47]Sun S，Zhang B.，Wang J，et al. Analytic formulas of peak current in cyclic voltammogram：Machine learning as an alternative way? [J]. Journal of Chemometrics,2021,35(3):3314.

[48]Bard A J，Faulkner L R. Electrochemical Methods：Fundamentals and Applications[M]. New York：Wiley,2001.

[49]Gao H，Kim Y，Venderbos Jörn W F，et al. Dirac-Weyl semimetal：Coexistence of Dirac and Weyl fermions in polar hexagonal ABC crystals[J]. Physical Review Letters,2018,121(10):106404.

[50]Bradlyn B，Elcoro L，Cano J，et al. Topological quantum chemistry[J]. Nature,2017,547(7663):298-305.

[51]Po H C，Vishwanath A，Watanabe H. Symmetry-based indicators of band topology in the 230 space groups[J]. Nature Communications,2017,8(1):1-9.

[52]Song Z，Zhang T，Fang C，et al. Quantitative mappings between symmetry and topology in solids[J]. Nature Communications,2018,9(1):1-7.

[53]Song Z，Zhang T，Fang C. Diagnosis for nonmagnetic topological semimetals in the absence of spin-orbital coupling[J]. Physical Review X,2018,8(3):31069.

[54]Zhang T，Jiang Y，Song Z，et al. Catalogue of topological electronic materials[J]. Nature,2019,566(7745):475-479.

[55]Miyazaki T，Takahashi M，Yang X，et al. Formation and magnetic properties of metastable $(TM)_5 Sm_2$ and $(TM)_7 Sm_2$ $(TM = Fe，Co)$ compounds[J]. Journal of magnetism and magnetic materials,1988,75(1-2):123-129.

[56]Miyazaki T，Takahashi M，Yang X，et al. Formation of metastable compounds and magnetic properties in rapidly quenched $(Fe_{1-x} Co_x)_5 Sm$ and $(Fe_{1-x} Co_x)_7 Sm_2$ alloy systems[J]. Journal of Applied Physics,1988,64(10):5974-5976.

[57]Burzo E. The exchange interactions in R-Co compounds where R is a rare-earth[J].

International Journal of Modern Physics B,2020,34(4):2050006.

[58]Kumar S, Patrick C E, Edwards R S, et al. Torque magnetometry study of the spin reorientation transition and temperature-dependent magnetocrystalline anisotropy in $NdCo_5$[J]. Journal of Physics: Condensed Matter,2020,32(25):255802.

[59]Neznakhin D S, Bartashevich A M, Volegov A S, et al. Magnetic anisotropy in RCo_3(R=Lu and Y) single crystals[J]. Journal of Magnetism and Magnetic Materials,2021,539:168367.

[60]Patric, C E, Staunton J B. Temperature-dependent magnetocrystalline anisotropy of rare earth/transition metal permanent magnets from first principles: The light RCo_5 (R=Y, La-Gd) intermetallics[J]. Physical Review Materials,2019,3(10):101401.

[61]Yuan X, Zhang D, Ji Y. Grain boundary plane distribution and its potential correlation with magnetic properties in hexagonal RCo_5 permanent magnets[J]. RSC Advances,2018,8(40):22429-22436.

[62]Choudhary R, Palasyuk A, Nlebedim I, et al. Atomic cooperation in enhancing magnetism: (Fe, Cu)-doped $CeCo_5$[J]. Journal of Alloys and Compounds,2020,839:155549.

[63]Patrick C E, Kumar S, Balakrishnan G, et al. Rare-earth/Transition-metal magnetic interactions in pristine and (Ni, Fe)-doped YCo_5 and $GdCo_5$[J]. Physical Review Materials,2017,1(2):24411.

[64]Ohtake M, Serizawa K, Futamoto M, et al. Ordered phase formation in $Sm-Co_{1-x}Cu_x$ and $Er-Co_{1-x}Cu_x$ alloy films prepared on Cr(100) single-crystal underlayer[J]. Journal of Magnetism and Magnetic Materials,2019,482:75-78.

[65]Ren F, Ward L, Williams T, et al. Accelerated discovery of metallic glasses through iteration of machine learning and high-throughput experiments[J]. Science advances,2018,4(4):1566.

[66]Halder A, Rom S, Ghosh A, et al. Prediction of the properties of the rare-earth magnets $Ce_2Fe_{17-x}Co_xCN$: A combined machine-learning and ab-initio study[J]. Physical Review Applied,2020,14(3):34024.

[67]Yang Z X, Gao Z R, Sun X F, et al. High critical transition temperature of lead-based perovskite ferroelectric crystals: A machine learning study[J]. Acta Physica Sinica,2019,68(21):210502-1.

[68]刘武,朱成皓,李昊天,等.基于机器学习和器件模拟对 $Cu(In,Ga)Se_2$ 电池中 Ga 含

量梯度的优化分析[J]. 物理学报,2021,70(23):238802.

[69]Li Y，Xiao B，Tang Y，et al. Center-environment feature model for machine learning study of spinel oxides based on first-principles computations[J]. The Journal of Physical Chemistry C,2020,124(52):28458-28468.

[70]Wang X，Xiao B，Li Y，et al. First-principles based machine learning study of oxygen evolution reactions of perovskite oxides using a surface center-environment feature model[J]. Applied Surface Science,2020,531:147323.

4　行动篇

4.1　之江行动

　　传统的计算材料学正在与新兴的人工智能融合,引发计算材料学的突破性发展和飞跃式变革,特别是与一流智能计算平台的结合。之江实验室前瞻性地布局智能计算材料研究方向,包括两方面内容:一方面,应用人工智能解决计算材料学的现有短板,称为材料的"智能计算"研究方法;另一方面,发展基于计算材料数据的描述材料组分、工艺、结构和性能构效关系的人工智能,称为材料的"计算智能"研究方法。

　　然而,在面对材料计算跨尺度计算时,普遍存在缺方程、少参数和难求解等共同的核心问题。而人工智能大数据时代恰恰给出了优异的解决方案(图 4-1),实现能算到算得准、算得快的材料计算智能化目标,从而为解决先进制造业对新材料需求中具有复杂真实的材料科学问题提供系统性解决方案。

　　具体而言,智能计算材料平台的建设将以"领域知识＋计算＋人工智能＋数据"为基本思路(图 4-2),围绕材料数据科学,以材料计算的智能化为目标,对这些共同核心问题从方程求解、人工智能算法的应用、参数提取等方面,给出计算材料学软件平台的阶跃式发展和换代的解决方案。

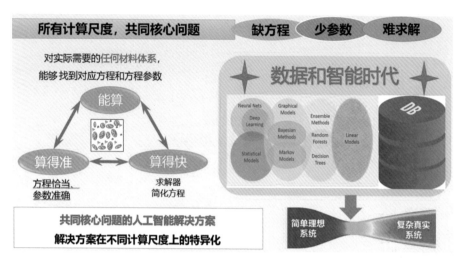

图 4-1 所有计算尺度的共同核心问题与人工智能大数据时代的解决方案

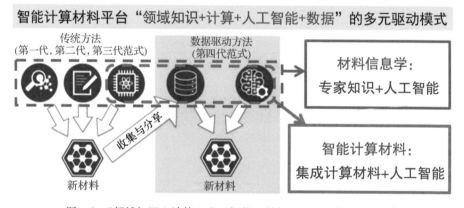

图 4-2 "领域知识＋计算＋人工智能＋数据"的平台建设基本思路

　　之江实验室以前瞻性的战略思考,将先进的智能计算材料与材料基因组数据驱动的新材料研发优势相结合,率先布局智能计算数字反应堆计划之智能计算材料学方向,建立智能计算材料平台。平台的重点任务是面向先进制造业对关键新材料的需求,围绕材料人工智能算法和模型、智能化计算材料软件、材料基因组专用数据库、材料数据管理与利用、关键新材料示范应用等,建成一支高水平的计算材料学人才队伍,提高国际化水平,提升国际影响力和竞争力。目标是在材料基因组工程理念下,推动材料研发范式变革,促进材料科学原始创新与技术进步,为新材料的研发提供基础平台和支撑。争取经过5～10年的奋斗,将平台建设成为国内一流、国际领先的智能计算材料平台,服务材料科学研究和经济社会发展。

建设一个全面、完备、系统、有特色、有优势的智能计算材料平台,需要精心设计与构思,坚持不懈、持之以恒,以十年磨一剑的创新思维和决心实施。从时间跨度而言,之江实验室智能计算材料平台建设计划按三步走战略(图 4-3)。

平台首期主要以建设数据库、开发计算材料基础软件、发展数据驱动的人工智能材料算法和软件、搭建具有材料基因组特色的材料全尺度计算的计算平台为核心任务,包括搭建材料基因组专用数据库平台、第一性原理计算平台、分子动力学和蒙特卡洛模拟平台、相场和热力学相图计算介观材料计算平台、宏观有限元计算和结构优化平台。

图 4-3　智能计算材料平台发展路线

平台充分利用和优化已经公开发表的开源软件,并购买一定量功能强大的通用计算软件(图 4-4),具备从第一性原理到有限元宏观计算的能力,从微观、介观到宏观尺度,初步实现对接企业材料计算需求和开展材料高通量计算设计和优化筛选的能力。计算结果能够通过自动化的数据格式进行处理和范式转换,无缝存入材料基因组专用数据库。

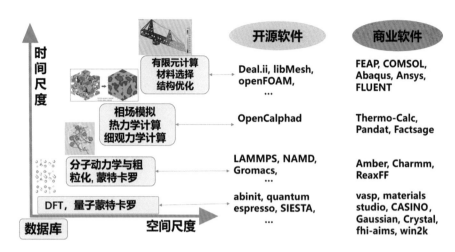

图 4-4 平台各计算尺度开源与商业软件集成

平台首期将建设专门的材料基因组数据库,以材料实验、计算、生产和文献等多源数据为抓手,从数据的标准规范和数据的采集融合开展工作。平台在一期建设期内收集和整理典型材料数据超过百万条,作为示范及展示,并对所建立数据库的试用和检验进行验证;按照材料信息和智能算法思路,研究智能计算与数据库技术的融合技术,形成典型材料基因数据库及数据管理平台(图 4-5);探索与国内和国际相关数据库平台共享合作的新途径,为典型新材料研发提供数据支撑。

平台首期将选取高性能吸波材料和超高温陶瓷基复合材料作为计算平台的示范性应用(图 4-6),研究高性能磁功能宽频吸波材料的制备与工艺技术,探讨不同工艺制备兆赫以上频段适用的磁屏蔽用特种磁性薄膜,研究磁性吸波材料的结构、自旋组态与畴结构在交变微波场作用下的演变规律。据此揭示材料组分、结构与吸波性能的构效关系,建立普适性的性能策略和研发高性能磁性宽频吸波材料,并在国防和以 5G/6G 为代表的高频微波应用场景进行示范。超高温陶瓷基复合材料研究与超高温陶瓷基复合材料的材料设计方法,包括硼化物、碳化物及 C/C 复合等超高温陶瓷的制备技术和原理,超高温陶瓷晶须的催化生长机理以及超高温陶瓷增强、陶瓷基复合材料的低温快速烧结技术等。制备出性能优异的超高温陶瓷粉体和晶须以及晶须增强的高性能超高温陶瓷基复合器件或陶瓷修补材料,发展超高温陶瓷基复合材料在制备和应用过程中的基础理论和研究方法,为新型超高温陶瓷基复合材料的研究与应用提供技术支撑。

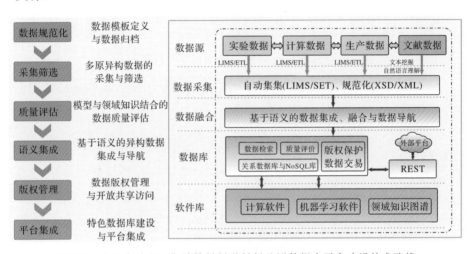

图4-5　之江实验室一期计算材料学材料基因数据库平台建设技术路线

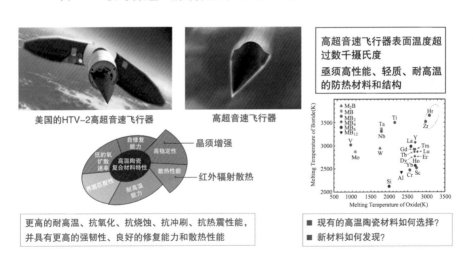

图 4-6　之江实验室一期计算材料学示范材料需求

　　在之江实验室智能计算材料平台的一期建设中,为了提升之江实验室在计算材料领域的核心竞争力,平台在初步建成计算材料软件平台的基础上,大力发展基于材料基因组的智能计算材料算法和软件。总体方案是建成一个数据库、开发八个以算法方法基础的软件模块,并在吸波材料和超高温陶瓷的应用中进行示范(图 4-7)。

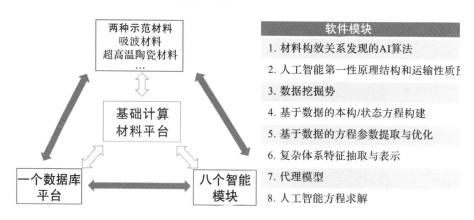

图 4-7　智能计算材料平台智能化部分一期建设任务设置

　　面对计算材料学从微观到宏观尺度缺方程、少参数、难求解、难以体系表征的共性问题(图 4-8),研究知识和数据融合的人工智能算法,面向各计算尺度,发展八类软件模块:①在人工智能算法上,发展基于数据和专家知识融合的材料构效关系自动化发现的人工智能算法模块;②第一性原理层次上的基于人工智能的材料结构预测和离子输运预测模块;③面向分子动力学计算层次的数据挖掘势模块;④面向宏观计算尺度的从数据到方程的智能化方程构建模块;⑤方程参数提取与优化模块;⑥复杂体系特征抽取与表征模块;⑦复杂方程或方程组的简化代理模块;⑧基于人工智能的方程求解模块。

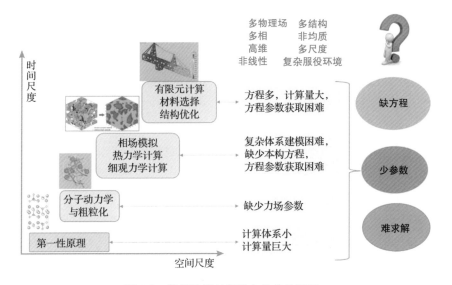

图 4-8　智能计算材料平台的共性问题

平台二期将以智能化相关软件模块的开发和使用为抓手,实现从数据到计算的自动化流程,实现对任意复杂体系和复杂环境的材料可计算。给之江实验室插上智能的翅膀,成为国际领先的材料计算平台和研发中心。

平台三期将针对特定应用和需求,发展现有成熟软件的国有化替代软件,研发具有自主知识产权的国有基础计算软件,突破国产基础材料计算软件缺少的"卡脖子"问题。使之江实验室智能计算材料平台成为国家材料计算技术的中流砥柱,引领国内外的智能计算材料的发展。

4.2 结语与展望

本书在调研工作的基础上，旨在介绍计算材料学的研究现状与发展背景，明晰之江实验室在计算材料学发展中的良好机遇。特别是近年来，在材料基因组理念的推动下，一个以人工智能大数据技术为牵引的数据驱动新材料研发第四范式已经形成。在这一研发模式下，融合数据技术与传统材料计算方法的所谓高通量、集成化、跨尺度的计算材料学，对计算手段的高性能、大容量、并行处理等提出了挑战。而之江实验室的智能计算材料平台恰恰具备这种计算方面的独特优势，因而布局计算材料学将为之江实验室发挥智能计算优势带来极佳机遇，平台一定能够为实现计算材料领域的高通量、集成化、跨尺度计算带来革命性的飞跃发展，为之江实验室腾飞插上翱翔的翅膀！

之江实验室作为在智能计算领域有着深厚积累的新型科研机构，在布局计算材料方面，通过与上海大学联合成立上海大学-之江实验室计算材料学联合研究中心，全面启动计算材料学的学科布局。中心将以智能计算和人工智能数据技术为驱动，开展新材料基础前沿与应用技术攻关，聚焦国际研究热点的新材料、国家"卡脖子"的材料以及产业亟需的关键材料的研发，具有重要战略意义。将先进的智能计算与材料基因组数据驱动的新材料研发优势相结合，率先布局智能计算数字反应堆计划之计算材料学方向，建立计算材料学研究平台，面向先进制造业对关键新材料的需求，围绕材料人工智能算法和模型、智能化计算材料软件、材料基因组专用数据库、材料数据管理与利用、关键新材料示范应用等，建成一支高水平的计算材料学人才队伍，提高国际化水平，提升国际影响力和竞争力。在材料基因组工程理念下，推动材料研发的范式变革，促进材料科学原始创新与技术进步。

相信在不远的将来，之江实验室定能成为国内一流、国际领先的智能计算材料平台，在服务国家和浙江先进制造业新材料需求方面作出重大贡献。